ARKTISCHES MEER
ISLAND
NORWEGEN
FINNLAND
SCHWEDEN
R U S S L A N D
GROSS-
BRITANNIEN
ESTLAND
LETTLAND
DÄNEMARK
LITAUEN
IRLAND
POLEN
WEISSRUSSLAND
DEUTSCH-
LAND
SCHECHIEN
UKRAINE
FRANKREICH
SLOWENIEN
ÖSTERREICH
UNGARN
MOLDAWIEN
SCHWEIZ
ANDORRA
ITALIEN
KROATIEN
RUMÄNIEN
BOSNIEN-
HERZEGO-
WINA
SERBIEN-
MONTENEGRO
PORTUGAL
SPANIEN
ALBANIEN
GRIECHEN-
LAND
TÜRKEI
MALTA
ZYPERN
SYRIEN
LIBANON
IRAK
ISRAEL
TUNESIEN
MAROKKO
KASACHSTAN
MONGOLEI
CHINA
NORDKOREA
SÜDKOREA
JAPAN
ALGERIEN
LYBIEN
ÄGYPTEN
SAUDI-
ARABIEN
NEPAL
BHUTAN
INDIEN
BANGLA-
DESCH
MYANMAR
TAIWAN
LAOS
OMAN
MAURETANIEN
MALI
NIGER
SENEGAL
TSCHAD
SUDAN
YEMEN
THAILAND
KAMBODSCHA
VIETNAM
PHILIPPINEN
GUINEA
BISSAU
GUINEA
BURKINA
FASO
DSCHIBUTI
SIERRA LEONE
ELFEN-
BEIN-
KÜSTE
GHANA
NIGERIA
BENIN
KAMERUN
ZENTRALAFRIKA-
NISCHE REPUBLIK
ÄTHIOPIEN
SRI LANKA
BRUNEI
TOGO
ÄQUATORIAL GUINEA
SOMALIA
MALAYSIA
UGANDA
MALEDIVEN
GABUN
KONGO
DEMOKRA-
TISCHE
REPUBLIK
KONGO
KENIA
SINGAPUR
I N D O N E S I E N
PAPUA-
NEUGUINEA
SEYCHELLEN
TANSANIA
INDISCHER
OZEAN
ANGOLA
SIMBABWE
MADAGASKAR
NAMIBIA
MAURITIUS
BOTSWANA
AUSTRALIEN
SWASILAND
LESOTHO
SÜDAFRIKA
ATLANTISCHER
OZEAN

Dieses Buch wurde auf Satimat green $170 g/m^2$ gedruckt.
Dieses gestrichene Papier besteht zu 60 Prozent aus recycelter und zu 40 Prozent aus FSC-zertifizierter Faser.
Dank seiner umweltfreundlichen Zusammensetzung wird der Einsatz von natürlichen Ressourcen (Wasser und Holz) und Energie sehr gering gehalten.

Umschlagabbildung vorn: Gemüseanbau in der Gegend von Timbuktu, Mali

Bildnachweis:
Alle Fotografien stammen von Yann Arthus-Bertrand, mit Ausnahme von:
S. 92–93 Daniel Schoenen, Freiburg
S. 94 Moore Ruble Yudell, Architects & Planners
S. 95 DR
www.vauban.de

Yann Arthus-Bertrand wird vertreten durch die Agentur Altitude, Paris, Frankreich
www.altitude-photo.com
www.yannarthusbertrand.org

Bibliografische Information Der Deutschen Nationalbibliothek
Die Deutsche Nationalbibliothek verzeichnet diese Publikation in der Deutschen Nationalbibliografie; detaillierte bibliografische Daten sind im Internet unter http://dnb.d-nb.de abrufbar.

Titel der Originalausgabe: *La Terre racontée aux enfants*
Erschienen bei Éditions de La Martinière SA, Paris 2008

Deutsche Erstausgabe

Ein Unternehmen der La Martinière Groupe

Gestaltung: Elisabeth Ferté
Umschlaggestaltung: Gudrun Bürgin
Satz: satz & repro Grieb, München
Druck: Mame, Tours
Printed in France

ISBN 978-3-89660-441-5

www.knesebeck-verlag.de

Yann Arthus-Bertrand

Unsere Erde und wir

Texte von
Isabelle Delannoy

Illustrationen von
David Giraudon

Aus dem Französischen von
Stephanie Singh

KNESEBECK

Kinder

Heute leben 1,2 Milliarden Jugendliche auf der Erde.
Noch nie gab es auf der Welt so viele junge Menschen.

Nur sechs von zehn Kindern, die in einem Entwicklungsland geboren werden, können bis zu ihrem 15. Lebensjahr eine Schule besuchen.

Die Welt ist jung:
Jeder zweite Mensch ist jünger als 25 Jahre.

90 Länder der Erde haben es sich zum Ziel gesetzt, Mädchen die gleiche Schulbildung zu ermöglichen wie den Jungen.

Um anderen Jugendlichen aus der Armut zu helfen, rufen immer mehr junge Menschen zu gemeinsamen Aktionen auf und gründen Hilfsorganisationen, Radiosender und Zeitungen.

Vielleicht wohnen die Kinder der Zukunft in Häusern, die dafür ausgerüstet sind, Energie zu erzeugen, statt sie zu verbrauchen.

Zwischen 100 und 250 Millionen Kinder leben auf der Straße.

Die Generation von morgen wird die Sonnenenergie stärker nutzen. Schließlich gibt es davon mehr als genug: Die Sonne liefert 6700-mal soviel Energie, wie die Menschen überhaupt brauchen.

unserer Welt

Noch nie konnten so viele Kinder zur Schule gehen wie heute. Trotzdem warten immer noch **mehr als 104 Millionen Kinder auf eine Einschulung.**

218 Millionen Kinder und Jugendliche arbeiten.

Viele Mädchen werden tagtäglich zum Wasserholen geschickt. Um Flaschen und Kanister am Brunnen zu füllen, müssen sie oftmals **Strecken von bis zu 10 Kilometer zurücklegen.**

Ein Kind, das in einem Entwicklungsland aufwächst, ist durchschnittlich **74-mal ärmer** als ein Kind aus einem Industriestaat.

Weltweit sind 82 Millionen Mädchen verheiratet, die noch keine 18 Jahre alt sind.

Natürliche Rohstoffe wie Erdöl oder Erdgas sind bald erschöpft, und der Klimawandel schreitet voran. Wenn wir unsere Lebensweise nicht ändern, werden die Kinder von morgen nicht die Erde vorfinden, wie wir sie kennen, sondern einen völlig anderen Planeten.

90 Prozent der Kinder und Jugendlichen leben in Entwicklungsländern.

Inhalt

Großes Barriereriff, Queensland, Australien

Schüler in Bobo-Dioulasso, Burkina Faso, Westafrika

Unsere Erde und wir

Seit dreißig Jahren fotografiere ich die Erde von oben. Dabei ist mir klar geworden, wie eng unser Leben mit dem Leben unseres Planeten verbunden ist. Wir brauchen die Gewässer, die Wälder, die Böden, die Meere und alle Lebewesen um uns herum. Die Erde ist großzügig: Sie gibt uns Nahrung, Wasser, Medizin und Baumaterial. Doch viele von uns Menschen verbrauchen mehr, als die Erde geben kann. Deshalb müssen wir unsere Lebensweise ändern, die Umwelt schützen, die Natur bewahren und fairer mit den Menschen in den ärmeren Ländern umgehen.

Wir können uns an der Natur auch ein Beispiel nehmen. Das gilt beispielsweise für unsere riesigen Müllmengen. Die Natur lehrt uns, den Abfall zu recyceln, denn sie tut seit vier Milliarden Jahren nichts anderes. Bei der Umweltverschmutzung können wir uns ebenfalls einiges von der Natur abschauen. Die Pflanzen etwa filtern die Luft und das Wasser und reinigen sie auf diese Weise. Und auch wenn es um umweltfreundliche Energie geht, können wir von den Pflanzen lernen, denn sie stellen mithilfe von Sonnenenergie Nährstoffe her.

Schon heute werden umweltfreundliche Häuser gebaut. Sie nutzen die Sonnenenergie und die Erdwärme, und sie speichern das Regenwasser. Das ist nur ein positives Beispiel unter vielen. In diesem Buch wirst du noch viele weitere finden.

Wenn wir die Erde schützen und unsere gemeinsame Zukunft sichern wollen, müssen alle Menschen zusammenarbeiten. Das ist nicht einfach, weil viele kein Dach über dem Kopf oder nichts zu essen haben. Sie kämpfen ums bloße Überleben und können deshalb nicht zuerst an die Umwelt denken. Dieses Buch erzählt dir auch von diesen Menschen und von den ganz unterschiedlichen Lebensweisen und Problemen rund um den Erdball. Vielleicht kannst du ja dazu beitragen, dass es den Menschen anderswo besser geht?

Ich wünsche mir, dass die Erde der Zukunft lebendig und vielfältig ist und dass wir alle zusammen gern hier leben.

Eine spannende Reise rund um den Erdball wünscht dir

Yann Arthus-Bertrand
www.goodplanet.org

Teil 1

Wasser

Menschen brauchen Wasser

Schon aus zwei Wasserstoffatomen und einem Sauerstoffatom kann Leben entstehen. Soweit wir wissen, gibt es das Wunder des Lebens nur auf einem einzigen Planeten im Weltall: auf der Erde. Seit die Erde vor vier Milliarden Jahren entstand, hat sich die Wassermenge auf unserem Planeten nicht verändert. Das Wasser wandert vom Meer in die Wolken, von den Wolken auf die Erde und in die Flüsse. Die Dinosaurier tranken einst dasselbe Wasser, das heute aus unseren Wasserhähnen kommt.

Die Menschen nutzen seit jeher das wertvolle Wasser für sich: Sie bewässern die Felder, graben Brunnen, und in manchen Gegenden der Welt leiten sie das Wasser durch Rohre in ihre Häuser. Alle Menschen brauchen Wasser, aber auch alle Pflanzen und Tiere. Doch es gibt nur wenig Wasser und immer mehr Menschen. Deshalb müssen wir es teilen. Und wir müssen aufhören, das wertvolle Wasser zu verschmutzen.

Dromedare an einer Wasserstelle zwischen Kidal und Timbuktu in Mali

Alle Lebewesen brauchen Wasser zum Leben.

Kein Leben ohne Wasser

Brunnen in Fatehpur Sikri im indischen Bundesstaat Uttar Pradesh

In vielen Gebieten muss man sehr sorgsam mit Wasser umgehen, weil es nur wenig davon gibt.

Wasser ist der Hauptbestandteil aller Lebewesen: Ein Apfel enthält zum Beispiel 93 Prozent Wasser, eine Qualle 85 Prozent und der menschliche Körper immerhin 60 Prozent. Länger als vier Tage kann ein Mensch ohne Wasser nicht überleben. Damit wir gesund bleiben, müssen wir am Tag eineinhalb Liter Wasser trinken. Doch das Wasser ist knapp. Der Großteil des Wassers, nämlich 97,5 Prozent, befindet sich in den Weltmeeren. Weil es Salzwasser ist, kann man es nicht trinken. Der kleine Rest ist Süßwasser. Das meiste Süßwasser ist in den Gletschern gefroren oder tief in der Erde eingeschlossen. Nur an ein Hundertstel des gesamten Wassers kommen wir überhaupt heran!

Ungleicher Wasserverbrauch

- **Ein Amerikaner verbraucht am Tag ungefähr 700 Liter Wasser, ein Europäer 200 Liter und ein Haitianer 20 Liter.**
- **Während die einen Wasser verschwenden, reicht es für die Menschen in trockenen Gebieten kaum zum Trinken, Kochen, Duschen und Putzen.**
- **Jeder Mensch sollte täglich mindestens 50 Liter Wasser verbrauchen können.**

Der versteckte Wasserverbrauch

Bewässerung von Maisfeldern in der Nähe von Aigues-Mortes, Gard, Frankreich

So viel Wasser braucht man für die Herstellung von …

… einem Kilo Weizen:
1000 Liter
… einem Auto:
10 000 Liter
… einem Kilogramm Papier:
40 Liter
… einem Liter Coca-Cola:
2,5 Liter

Wenn Dinge hergestellt werden, wird immer auch Wasser verbraucht. In einer Fabrik braucht man Wasser beispielsweise für die Reinigung, den Maschinenbetrieb und die Kühlung. Deshalb sollten wir uns genau überlegen, ob wir etwas wegwerfen, das noch zu gebrauchen ist. Vielleicht könnten wir es gegen etwas anderes eintauschen oder eine neue Verwendung dafür finden? So sparen wir Wasser!

Die Mädchen sind vom Wassermangel besonders betroffen.

Ein Brunnen für das Dorf

In den armen Ländern müssen viele Menschen oft mehr als zehn Kilometer bis zum nächsten Brunnen zurücklegen und das Wasser den weiten Weg nach Hause tragen. Oft sind dafür die Frauen und Mädchen zuständig. Diese Arbeit ist für die Familien überlebenswichtig. Aber viele Mädchen können nicht zur Schule gehen, weil sie Wasser holen müssen. Sie lernen nicht lesen, schreiben und rechnen und finden deshalb später auch schwer Arbeit. Das kann man ändern: Mit Spenden aus reichen Ländern werden in den Dörfern Brunnen gebaut. So haben die Mädchen Zeit zum Lernen, und ihre Mütter müssen das Wasser nicht so weit schleppen.

Feuchtgebiete

Auf der Erde gibt es verschiedene Lebensräume, etwa

Wüsten, Meere, Wälder und Feuchtgebiete. Alle spielen für das Leben auf unserem Planeten eine wichtige Rolle. Man kann die Erde mit dem menschlichen Körper vergleichen: Die Wälder und Meere liefern den Sauerstoff; sie sind die Lunge unseres Planeten. Die Seen, Moore und Sümpfe sind die Nieren. So, wie die Nieren den Körper entgiften, so filtern die Feuchtgebiete die Giftstoffe aus dem Wasser. Außerdem speichern sie Kohlendioxid und helfen damit dem Klima. Sie bieten vielen Pflanzen und Tieren einen Lebensraum. Leider hat der Mensch den Wert der Feuchtgebiete zu spät erkannt: Die Hälfte aller Feuchtgebiete auf der Erde ist schon verschwunden.

Störche rasten an der Bordj-Omar-Driss-Oase in Algerien.

Feuchtgebiete halten Luft und Wasser sauber und geben Tieren und Pflanzen eine Heimat.

Was ist ein Feuchtgebiet?

Elefanten im Sumpf des Okawango-Deltas in Botswana, Afrika

Ein Feuchtgebiet ist eine Landschaft aus Sümpfen, Seen, Weihern oder Mooren, in der viele verschiedene Pflanzen, Frösche, Lurche und Kröten, Insekten und Vögel leben. Es besticht also nicht nur durch seine Vielfalt an Ökosystemen, sondern auch durch seinen Artenreichtum.

Die Tiere finden im Sumpf oder Moor, im Weiher oder im Teich Nahrung. Das üppige Schilfgras und die anderen Pflanzen bieten ihnen Schutz. Im hohen Röhricht können sich beispielsweise Wasservögel vor Feinden verstecken und in aller Ruhe ihre Jungen aufziehen. Ohne Feuchtgebiete hätten viele Tierarten keinen Lebensraum mehr.

Jede Menge Fische, Kröten und Insekten leben in den Feuchtgebieten. Wie viele andere Vögel, so findet auch der Fischreiher seine Nahrung im Sumpf.

Ein Garten als Kläranlage?

Es gibt auch Schwimmbäder ohne Chlorwasser! Sie funktionieren wie das Filtersystem der Feuchtgebiete.

Immer mehr Städte reinigen Abwasser, Böden und Luft mit Pflanzen. Wie funktioniert das? In einem Feuchtgebiet wird das Wasser von den Sumpfpflanzen gereinigt: Zwischen den Wurzeln von Schilf, Rohrkolben, Binsen und Seggen leben Bakterien und Pilze, die Schadstoffe abbauen. Das funktioniert so gut, dass in einem solchen See sogar Seerosen und andere Pflanzen gedeihen, die sauberes Wasser brauchen. Diese Pflanzen stellen außerdem Sauerstoff her, der für die Wassertiere so wichtig ist. Eine Pflanzenkläranlage funktioniert ähnlich: Hier wird das Wasser durch mehrere Schichten aus Kieselsteinen geleitet, in denen die Schadstoffe hängen bleiben. Die Pflanzen bauen weitere Schadstoffe ab.

Warum verschwinden die Feuchtgebiete?

Noch vor Kurzem wussten die Menschen nicht, wie wichtig die Feuchtgebiete sind. Sie glaubten, sie seien ungesund und unnütz. Deshalb legten sie die Gebiete einfach trocken, um Felder für die Bauern oder Bauland für neue Häuser zu schaffen.

Die Feuchtgebiete machen weniger als ein Hundertstel der Erdoberfläche aus. Doch sie

- **bieten 100 000 Tierarten einen Lebensraum,**
- **liefern Trinkwasser für eineinhalb bis drei Milliarden Menschen und**
- **speichern das schädliche Kohlendioxid und filtern Giftstoffe aus Landwirtschaft und Industrie aus dem Wasser.**

Flüsse

Von den Bergen ins Meer

Ein Fluss beginnt an einer Quelle als kleiner Bach, der von anderen Bächen gespeist wird und dadurch immer größer wird. Fast alle Flüsse münden ins Meer. Auf ihrer Reise waschen sie Mineralstoffe aus den Felsen und tragen sie mit sich. Deshalb sind die Meere salzig. In den Flüssen und Bächen leben Süßwasserfische, aber auch die Menschen brauchen die Flüsse zum Leben. Die Bauern bewässern ihre Felder mit dem Wasser der Flüsse. Auch Städte wurden schon immer an Flussufern gebaut. Der Fluss versorgte die Bewohner mit Trinkwasser, und man konnte mit Schiffen Waren transportieren oder von Stadt zu Stadt reisen. Leider leiteten die Menschen lange Zeit auch ihr Abwasser ungereinigt in die Flüsse. Oder sie veränderten den Lauf des Flusses und errichteten riesige Staudämme. Deshalb trocknen manche Flüsse aus, bevor sie das Meer erreichen.

Der geschlängelte Flusslauf des Tuul-Stroms im Süden von Lün in der Mongolei

Flüsse liefern Wasser und verbinden Menschen, Städte und Länder.

Die Sonne als Süßwassermaschine

Dass Salzwasser zu Süßwasser wird, haben wir der Sonne zu verdanken.

Das Salzwasser an der Oberfläche der Meere wird durch die Sonne erwärmt. Es verdunstet und lässt dabei das Salz zurück. Der unsichtbare Süßwasserdampf steigt nach oben. In den kalten Schichten der Erdatmosphäre kondensiert der Wasserdampf, das heißt, aus dem Dampf werden wieder winzig kleine Wassertropfen, die in Form von Wolken sichtbar werden. Aus den Wolken fällt das Wasser als Regen oder Schnee wieder auf die Erde herab. Es versickert und sammelt sich als Grundwasser oder lässt die Gletscher anwachsen. Aus dem Grundwasser und dem Schmelzwasser speisen sich wieder Bäche und Flüsse. Die Flüsse befördern das Wasser ins Meer, und der Kreislauf beginnt von Neuem. Seit es die Erde gibt, durchläuft das Wasser diesen Kreislauf.

Das Wasser erneuert sich seit Millionen von Jahren: Wir trinken das gleiche Wasser wie einst die Dinosaurier!

Der Mensch braucht die Flüsse als Transportwege

Die Boote haben im Hafen von Mopti am Niger (Mali) angelegt.

Diese Boote werden bald mit Waren beladen, die sie über den Fluss in die nächste Stadt befördern. In der Sprache der Tuareg heißt Niger (*egerou n-igerou*) »Fluss der Flüsse«.

Viele Menschen wollen den Niger retten

Bauern, Fischer und Händler sind auf den Niger angewiesen. Schiffe und Boote sind seit jeher die wichtigsten Verkehrsmittel dieser Menschen. Aber weil es seit 30 Jahren in Westafrika immer wärmer wird, führt der Fluss nur noch wenig Wasser. Die Regierungen der Länder, die am Niger liegen, wollen den Strom deshalb schützen und bewahren. Sie haben sich zusammengeschlossen und setzen sich mit vereinten Kräften dafür ein, dass er nicht austrocknet und versandet.

Die längsten Flüsse der Erde

- Der Nil ist 6650 Kilometer lang. Er speist sich aus dem Blauen und dem Weißen Nil und versorgt Ostafrika vom Viktoriasee bis zum Mittelmeer mit Wasser. Schon die ägyptischen Pharaonen verdankten ihren Reichtum dem Wasser des Nils.
- Der Amazonas in Südamerika ist mit 6400 Kilometern der zweitlängste Fluss auf der Erde. Der größte Regenwald der Welt, das Amazonasgebiet, ist nach ihm benannt.
- Der Jangtse ist 6300 Kilometer lang und entspringt in über 5000 Meter Höhe in Tibet. Der drittlängste Fluss der Erde versorgt weite Teile Chinas mit Wasser. Heute wird er vom riesigen Dreischluchtenstaudamm geteilt.
- Mississippi und Missouri bilden mit 5970 Kilometer Länge zusammen den größten Fluss Nordamerikas.
- Der längste Fluss Europas ist mit 3534 Kilometer Länge die Wolga.

Der Niger ist über 4000 Kilometer lang und nach dem Nil und dem Kongo der drittlängste Fluss Afrikas

An den Ufern des Niger leben 110 Millionen Menschen. Sie brauchen sein Wasser auch zum Trinken, für die Fischerei und für die Landwirtschaft.

Staudämme: groß oder klein?

Kraftwerk Ohau A, Südinsel, Neuseeland

Im 20. Jahrhundert bauten die Menschen an den meisten großen Flüssen der Erde Staudämme. Die Dämme halten das Wasser auf und schaffen riesige künstliche Stauseen.

Aus diesen Stauseen werden große Gebiete mit Wasser versorgt. Außerdem liefern sie Strom: Durch Öffnungen in den Wänden der Dämme kann Wasser abgelassen werden. Das herabstürzende Wasser treibt große Schaufelräder an. Generatoren wandeln die Drehenergie dieser Turbinen in elektrische Energie, also in Strom um, ähnlich wie beim Fahrraddynamo.

Zu Beginn des 20. Jahrhunderts gab es auf der Erde 600 große Staudämme. Heute sind es über 50 000.

Stauseen statt Dörfer

Ein Fischer auf dem Kossou-Stausee in der Nähe von Bouaflé, Elfenbeinküste

Im letzten Jahrhundert mussten mehr als 50 Millionen Menschen ihre Heimat verlassen, weil Staudämme gebaut wurden.

Aus dem Kossou-Stausee an der Elfenbeinküste in Westafrika ragen alte Baumstümpfe. Sie erinnern daran, dass sich an dieser Stelle früher ein Tal mit Dörfern und Wäldern befand. Hier lebten einst 75 000 Menschen. Sie mussten umsiedeln, weil man Platz für den Stausee brauchte.

Krankheiten aus dem Wasser

Wenn einem Fluss durch Bewässerungskanäle und Staudämme Wasser entzogen wird, fließt er langsamer. Es entstehen Tümpel und Pfützen. Diese stehenden Gewässer sind Lebensräume für Mücken, Würmer und andere Tiere, die in fließendem Wasser nicht vorkommen. Einige dieser Tiere sind für den Menschen sehr gefährlich und können schwere Krankheiten übertragen. Dazu gehören Malaria oder die Onchozerose, auch Flussblindheit genannt. Auch mit der Bilharziose kann sich der Mensch in stehenden Gewässern anstecken. Dabei wird der Körper von Würmern befallen. All diese Krankheiten treten in den Dörfern entlang der Staudämme immer häufiger auf. Oft ist ein Großteil der Bevölkerung krank.

Große Staudämme sind nicht gut für die Fische

Viele Süßwasserfische werden von den großen Staudämmen daran gehindert, die Flüsse gegen den Strom hinaufzuschwimmen. Normalerweise tun sie das, um sich fortzupflanzen. Weil die Flüsse weniger Wasser führen, werden die Fische nicht genügend mit Sauerstoff versorgt. Außerdem heizt sich das Wasser von der Sonne schneller auf und wird für viele Fischarten zu warm.
Auf der ganzen Erde gibt es über 10 000 verschiedene Arten von Süßwasserfischen. Ein Fünftel davon ist vom Aussterben bedroht oder schon ausgestorben. Die Menschen haben gelernt: An vielen Orten bauen sie jetzt kleinere Staudämme, die der Natur nicht schaden.

Gletscher

Gletscher sind weit weg, hoch in den Bergen, und dennoch sind sie für das tägliche Leben aller Menschen sehr wichtig. Die Hälfte der Menschheit braucht die Gletscher für ihre Wasserversorgung. Die riesigen Eismassen auf den Berggipfeln speichern Süßwasser und geben es in der warmen Jahreszeit als Schmelzwasser wieder ab. Auf diese Weise werden die Flüsse auch mit Wasser versorgt, wenn es nicht regnet. Wir erleben im Moment, dass die Gletscher schnell abschmelzen und es auf der Erde immer wärmer wird. Das ist ein deutliches Zeichen für den Klimawandel. Das berühmte »ewige Eis« auf dem Kilimandscharo, dem höchsten Gipfel Afrikas, wird zum Beispiel bis zum Jahr 2020 völlig verschwunden sein. Die Flüsse, die sich bisher aus dem Schmelzwasser speisten, sind schon jetzt jeweils von September bis März ausgetrocknet. Die Bewohner der Gegend haben nicht mehr genug Wasser für ihre Felder und den Haushalt. In einigen Dörfern kommt es deshalb zum Streit um Wasser, Weideflächen und Ackerland.

Am Kilimandscharo in Tansania ist das ewige Eis schon fast verschwunden.

Gletscher sind gewaltige Eisströme, die in Zeitlupe talwärts fließen.

Schmelzende Gletscher

Eisberg im Fjord von Unartok in Grönland

Der Kontinent Grönland ist von einer Eisschicht bedeckt, die man »Eiskappe« nennt. Sie ist sehr schwer und bewegt sich vom Landesinneren in Richtung Meer. Wenn sie die Küste erreicht, zerbricht sie in viele große Stücke: die Eisberge.

Im Vergleich zur Eisfläche auf Grönland sind sie winzig, aber aus Sicht des Menschen sind sie riesengroß: Vor Grönland schwimmen immer mehr Eisberge. Die großen Gletscher Grönlands schmelzen heute nämlich dreimal so schnell wie noch vor zehn Jahren. Das Schmelzwasser dringt unter die Gletscher und bringt die Eiskappe ins Rutschen, so dass sie sich schneller auf die Küste zubewegt. An den Gletschern Grönlands kann man gut erkennen, wie schnell der Klimawandel voranschreitet.

Sieben Meter!

Um sieben Meter würde der Meeresspiegel ansteigen, wenn ganz Grönland schmölze. Viele Inseln, Ufergebiete und Küstenstädte würden untergehen.

Die Gletscher des Himalaja

Der mächtige Mount Everest im Himalaja-Gebirge in Nepal

Die Gletscher schmelzen derzeit schneller, als es die Wissenschaftler vorausgesagt haben. Wenn wir Menschen den Klimawandel nicht aufhalten, könnten noch in diesem Jahrhundert viele Gletscher im Himalaja ganz verschwinden. Während der Trockenzeit würden dann große Flüsse wie der Ganges, der Indus, der Brahmaputra, der Mekong und der Jangtse versiegen.

Der Tau bleibt an den Maschen des Netzes hängen. Die Tropfen werden in einem Behälter gesammelt.

Die Taujäger

Was kann ein Dorf, in dem es nicht genug Trinkwasser für alle gibt, tun? Es kann den Tau auffangen. Die Idee dazu stammt aus dem kleinen Ort Chungungo in Chile, Südamerika. Die Natur hat es vorgemacht: Morgens kann man sehen, wie sich in den Spinnennetzen Tautropfen gesammelt haben. In Chungungo und anderen Orten werden große Netze aufgespannt, an denen sich die Wassertropfen aus Tau und Nebel ablagern. Die Tropfen kullern an den Maschen entlang nach unten und werden in Behältern aufgefangen. Heute sammeln schon über 20 Dörfer so den Tau.

Sauberes Wasser

Zwei Liter Wasser sollte ein Erwachsener am Tag trinken. Trinkwasser muss bestimmte Eigenschaften haben, damit wir es bedenkenlos trinken können: Es darf keine Krankheitserreger und Giftstoffe enthalten, muss gut schmecken und farb- und geruchlos sein. Sauberes Trinkwasser ist für uns ganz selbstverständlich: Wir zapfen es einfach aus dem Wasserhahn. In anderen Gebieten der Erde haben die Menschen kein sauberes Trinkwasser. Weil das Wasser verschmutzt ist, sterben dort viele Kinder an Durchfallerkrankungen.

Auch Tiere leiden unter der schlechten Wasserqualität in Flüssen und Seen. Fische, Amphibien und Meeressäugetiere werden anfälliger für Krankheiten. Bei manchen Fröschen verändern die Schadstoffe sogar das Geschlecht! In den Industrieländern sind viele Flussfische so stark mit Schadstoffen belastet, dass es verboten ist, sie zu fangen und zu essen. Andere Flüsse sind so verdreckt, dass es dort immer weniger Fische gibt, zum Beispiel der Mississippi in den USA. Was aber kann man gegen die Wasserverschmutzung tun?

Kayes-Brücke am Senegal-Fluss in Mali

Menschen brauchen für ein gesundes Leben ausreichend sauberes Wasser.

Wenn das Wasser verschmutzt ist, stirbt das Meer

Kleine Insel im Baltischen Meer bei Porkkala, Finnland

In den Weltmeeren gibt es »tote Gebiete«

Von der Wasseroberfläche aus betrachtet, wirkt alles ganz normal. Aber in der Tiefe sind schon viele Meeresgebiete tot. Vor allem an den Küsten ist das Meer voller Abwässer, Düngemittel aus der Landwirtschaft und anderer Stoffe, von denen sich Algen ernähren. Zu viele Algen entziehen dem Wasser den Sauerstoff, so dass Fische und andere Meerestiere ersticken. Heute gibt es weltweit über 200 solcher toten Gebiete. Die größten liegen in der Ostsee, die an viele Küsten grenzt, und im Golf von Mexiko, den die Schadstoffe über den stark verschmutzten Fluss Mississippi erreichen. Im Sommer wachsen die toten Gebiete auf mehrere Tausend Quadratkilometer an.

Die Verschmutzung des Meeres kommt zu drei Vierteln vom Festland

Heute gibt es nur noch halb so viele Süßwasserpflanzen und Süßwasserfische wie vor 30 Jahren.

Mehr als die Hälfte aller großen Flüsse auf der Erde sind stark verschmutzt. Als Erstes leiden die Tiere darunter

Diese Seehunde ruhen sich an der Somme-Bucht in Frankreich aus.

Die Meerestiere nehmen über das Wasser Giftstoffe auf, die sich im Körper ablagern.

Viele Städte leiten noch immer ihr Abwasser ungereinigt in die Flüsse. Die Giftstoffe werden über die Flüsse in die Meere geleitet. So gelangen jedes Jahr sechs Millionen Tonnen Giftstoffe in die Ozeane. Dazu gehören Pflanzenschutzmittel, Nitrate aus Düngemitteln und Phosphate aus Putzmitteln. Manche Stoffe aus der Industrie sind seit Langem verboten, weil sie zum Beispiel Krebs auslösen können. Sie werden aber nicht abgebaut und bleiben daher im Meer erhalten. Auch Shampoos, Cremes und andere Pflegemittel gelangen in die Meere. Dazu kommen Medikamente, die eingenommen und über den Körper wieder in den Wasserkreislauf abgegeben werden. So verschmutzen die Menschen Tag für Tag die Gewässer, ohne die genauen Folgen zu kennen.

Was kannst du zu Hause tun?

Schlag deinen Eltern vor, umweltfreundliche Putzmittel zu verwenden.

Benutze pflanzliche Seifen statt Duschgel. Sie brauchen weniger Verpackung und sind umweltfreundlicher.

Schütte niemals Lacke, Lösungsmittel, Farben oder gebrauchtes Frittieröl in den Abguss oder die Toilette.

Denk daran, dass alles, was du in den Bach wirfst, eines Tages ins Meer gelangt!

Allein die Ölteppiche machen 2,5 Prozent der Meeresverschmutzungen aus.

Artenvielfalt

Teil 2

Der Wald, ein bedrohtes Paradies

Im tropischen Regenwald leben mehr als die Hälfte aller Lebewesen der Erde. Auf nur einem Hektar Fläche wachsen mehr als 300 Baumarten. In den Wäldern Europas, Asiens oder Nordamerikas gibt es auf der gleichen Fläche viel weniger Baumarten. Die Wissenschaftler können nicht genau sagen, wie viele Tier- und Pflanzenarten es auf der Welt gibt: Sind es 13, 35 oder 100 Millionen? Wir wissen auch noch recht wenig über die Beziehungen der Arten untereinander. Sicher ist, dass sie einander brauchen: zum Leben, für die Fortpflanzung, zum gegenseitigen Schutz – oder auch, weil sich eine Art von der anderen ernährt. Jedes Tier und jede Pflanze ist Teil eines solchen Netzes aus Beziehungen. Auch die Menschen gehören dazu, denn sie verdanken ihr Leben ebenfalls dem Leben anderer Arten und sind daher von der unendlichen Vielfalt der Arten abhängig.

In den Bergen von Kaw in Guyana wachsen Ebenhölzer.

Mehr als die Hälfte aller Arten auf der Erde leben in den tropischen Wäldern.

Der Wald ist für die Menschen wichtig – vor allem, wenn er nicht abgeholzt wird

Dieses Dorf bei Man (Elfenbeinküste) hat eine kleine Kakaoplantage.

Lange Zeit wurde in Afrika oder im Amazonasgebiet Kakao angebaut und verkauft. Kakao wächst am besten im Schatten großer Bäume. Deshalb fällten die Kakaobauern die Bäume nicht.

Leider baut man Kakao heute auf großen Flächen an. Die Wälder werden abgeholzt, um Platz für Felder zu schaffen. Die Kakaopflanzen werden dann mithilfe von künstlichem Schatten gezogen. Umweltschützer versuchen, die alten Anbaumethoden wieder einzuführen. So könnten die Wälder geschützt werden.

Viele Menschen auf der Welt haben nur eine Apotheke: den Wald!

Die Wälder sind für den Menschen sehr wichtig. Sie bieten Schutz und liefern Feuerholz und Fasern, aus denen Kleidung hergestellt werden kann. Außerdem findet man im Wald Nahrung und Medizin. Drei Viertel aller Menschen auf der Welt nutzen die Pflanzen des Waldes als Heilpflanzen. Auch viele Arzneimittel in unseren Apotheken werden aus solchen Pflanzen hergestellt.

Warum Chips dem Wald schaden

Neu angelegte Palmölplantage bei Pundu auf der indonesischen Insel Borneo

Jedes Jahr werden 13 Millionen Hektar Urwald von Bulldozern abgeholzt.

Weite Waldgebiete in Indonesien werden abgeholzt. An ihrer Stelle entstehen Palmplantagen. Das Palmöl braucht man für die Herstellung von Keksen, Chips und Streichkäse, aber auch für Seifen und Shampoos.

Außerdem wird das Palmöl zu Biotreibstoff für Autos verarbeitet. In Südamerika erleidet der Amazonasdschungel das gleiche Schicksal wie die indonesischen Urwälder. Schon seit 40 Jahren wird er immer weiter abgeholzt. Hier legen die Menschen Sojafelder an. Soja brauchen die reichen Länder, um die Tiere in den Zuchtfarmen zu ernähren.

Wir können helfen, den Wald zu schützen, indem wir die Umweltschutzorganisationen unterstützen. Aber auch beim Einkauf können wir darauf achten, dass für unsere Lebensmittel keine Urwälder geopfert werden. Bioprodukte beispielsweise sind meistens unbedenklich. Sie sind nur ein bisschen teurer!

Urwälder sind vom Menschen noch unberührt. Dort leben viele verschiedene Arten, die es sonst nirgends gibt.

Der Beutelteufel kommt ausschließlich in Tasmanien vor: Er gehört zu den endemischen Arten.

Wir alle brauchen den Wald

New-York-Marathon

Alle Menschen brauchen den Wald, ob sie nun in einer Großstadt oder im Dschungel leben. Ob die Bewohner von New York eigentlich wissen, dass ihr Trinkwasser von den Wäldern im Norden gereinigt wird?

Der Bürgermeister jedenfalls weiß es: Er investierte 1,5 Milliarden Dollar in den Schutz der Wälder und Feuchtgebiete. Diese Gebiete filtern und reinigen das Wasser auf natürliche Weise. So bleibt die gute Qualität des Trinkwassers in New York erhalten. Und der Bürgermeister konnte viel Geld sparen: Eine neue Wasseraufbereitungsanlage hätte fünf Milliarden Dollar gekostet. Die New Yorker haben also gespart und trotzdem sauberes Wasser!

Um die Waldbestände zu überprüfen, ohne Schaden anzurichten, werden die Baumkronen mithilfe eines aufblasbaren Floßes aus der Luft begutachtet.

Wald ist nicht gleich Wald

Eukalyptusplantage bei Barberton in Südafrika

Ein natürlicher Wald ist Lebensraum für viele Tausend Arten. Er erhält die Wasserreserven und verbessert das Klima. Für künstlich angelegte Wälder und Plantagen gilt das nicht. Eine Eukalyptusplantage zum Beispiel ist für die Ökosysteme schädlich.

Sie entzieht dem Boden so viel Wasser und Nährstoffe, dass er völlig auslaugt. Man nennt den Eukalyptus auch den »durstigen Baum«.

Die Artenvielfalt eines natürlichen Waldes lässt sich nie durch eine künstliche Neupflanzung ersetzen. Manchmal werden neue Bäume angepflanzt, um Wald zu gewinnen; man nennt das Wiederaufforstung. Doch ob eine Wiederaufforstung gelingt, ist oft ungewiss. Es ist deshalb wichtig, die letzten natürlichen Wälder auf der Erde zu schützen.

Porträt: Francis Hallé kämpft für den Wald

Als kleiner Junge wohnte Francis Hallé in der Nähe des Waldes von Fontainebleau in Frankreich. Noch als Erwachsener träumte er davon, die großen Urwälder der Erde zu erkunden. Doch er wollte sie von oben betrachten! Wie aber sollte er über die Baumwipfel fliegen, ohne die Natur zu stören? Mit einem Flugzeug oder einem Hubschrauber geht so etwas nicht. Hallé erzählt: »Zusammen mit einem Freund habe ich eine Art aufblasbares Floß entwickelt, das ganz leicht ist. Ich nenne es ›Wipfelfloß‹. Damit kann man über den Baumwipfeln schweben, ohne sie zu stören.« Was man von dort oben sieht, ist wunderbar: »Neuartige Pflanzen und Blüten, unendlich viele Insekten und Vögel, die Tag und Nacht singen.« Aber Francis Hallé warnt auch, dass diese Vielfalt und Schönheit in Gefahr ist. »Industrie und Politik zerstören die letzten Urwälder der Erde. In zehn oder 15 Jahren werden sie ganz verschwunden sein.« Können wir diese Wunder der Natur noch retten, oder ist es schon zu spät?

Landwirtschaft

Seit über 10 000 Jahren bewirtschaften die Menschen das Land. Im Lauf der Zeit verändern sie Landschaften und geben ihnen ein neues Aussehen. In den Bergen legen sie Terrassenfelder an, also Äcker, die stufenförmig am Berghang liegen. Im Flachland wechseln sich Hecken und Felder ab. Am Rande der Wüsten sieht man die Anbauflächen als kleine schwarze Vierecke aus fruchtbarer Erde.

Viele Formen des Landbaus bieten auch wilden Tier- und Pflanzenarten einen Lebensraum. Aber der Mensch verändert die Natur auch auf andere Weise. Wilde Tiere wurden gezähmt, als Haus- und Nutztiere gehalten und gezüchtet. So entstanden viele neue Rassen. Auch neue Gemüsesorten wurden gezüchtet und sind an die Gegend, in der sie wachsen, gut angepasst.

Die Hälfte der Gesamtfläche von Europa wird landwirtschaftlich genutzt. Die Bauern haben daher großen Einfluss auf die Artenvielfalt unseres Kontinents!

Diese bunten Felder liegen in der Vaucluse in Frankreich.

Europa besteht zur Hälfte aus landwirtschaftlichen Flächen.

Artenvielfalt in den Hecken

Die Inseln der Upper Lough Erne liegen in Nordirland.

In Europa leben viele Tiere in Windschutzhecken. Säugetiere, Vögel und Schmetterlinge finden hier Nahrung oder bauen Nester. In einer Hecke von einem Kilometer Länge leben ungefähr 50 Vögel. Außerdem sind Reptilien, Lurche und kleine Säugetiere im Dickicht geschützt.

Hecken als Tierstraßen

Die Tiere folgen dem Verlauf der Hecken, wenn sie auf der Wanderung sind. Die Bauern kostet es Zeit und Geld, Hecken anzulegen und zu pflegen. Deshalb schließen sie sich oft zusammen und kümmern sich gemeinsam darum. Schließlich haben auch die Landwirte Vorteile durch die Hecken, denn sie schützen die Felder vor Wind. Und die Vögel, die in den Hecken leben, fressen Insekten, die für die Äcker schädlich sind.

Wie viele andere Vögel bauen auch Rotkehlchen ihre Nester in Hecken.

Die Bienen ziehen in die Städte

Die Garnier-Oper in der französischen Hauptstadt Paris

Die Bienenzüchter, Imker genannt, schlagen Alarm: Auf der ganzen Welt sterben die Bienen.

Wahrscheinlich liegt das an den Pflanzenschutzmitteln und daran, dass es immer weniger Blumenarten gibt. Ob in Nordamerika oder in Europa, überall kann man dasselbe beobachten: In den Städten geht es den Bienen besser als auf dem Land! Heute werden sogar auf dem Dach der Pariser Oper Bienenvölker gehalten. Die Landwirte brauchen die Bienen aber dringend, denn die meisten Pflanzen müssen von Bienen bestäubt werden – sonst vermehren sie sich nicht.

Bienen und Blüten brauchen einander

Für Bienen sind die Blüten die einzige Nahrungsquelle. In der Blüte befindet sich der Nektar, die süße Flüssigkeit, von dem sich die Tiere ernähren. Die Bienen kriechen in die Blüte hinein, um an den Nektar zu gelangen. Dabei werden sie am ganzen Körper mit Pollen eingestaubt. Bei der Nahrungssuche tragen sie den Blütenstaub von einer Blüte zur anderen. Auf diese Weise werden die Blüten befruchtet. Viele Pflanzen sind darauf angewiesen, dass die Bienen ihren Blütenstaub verbreiten.

Wenn es keine Bienen mehr gäbe, hätten die Menschen nur noch vier Jahre zu leben.

Albert Einstein

Wenn Lebewesen unseres Planeten aussterben, ist auch der Mensch bedroht.

Leben in der Wüste

Wüsten bedecken ein Viertel der Erdoberfläche. Eine Wüste ist ein Trockengebiet, in dem es kaum Süßwasser gibt. Die wenigen Pflanzen der Wüste sind anspruchslos und robust. In manchen Wüstengebieten regnet es mehrere Jahre nicht. Dort gibt es außer dem Morgentau kein Wasser.

Den Menschen, die in der Wüste wohnen, ist es gelungen, sich an diese harten Bedingungen anzupassen. Dazu haben sie über die Jahrhunderte bestimmte Verhaltensweisen und Techniken entwickelt. In den Wüsten rund um den Erdball leben 500 Millionen Menschen – fast so viele wie in ganz Europa. Die meisten Wüstenbewohner stammen aus alten Kulturen: Sie sind Beduinen, Tuareg, Mongolen oder auch Aborigines, die australischen Ureinwohner.

In den letzten Jahrzehnten ist das Leben in der Wüste immer schwieriger geworden. Das liegt daran, dass die Wüstengebiete stärker für Landwirtschaft, Tourismus und den Abbau von Rohstoffen genutzt werden.

Eine Karawane zieht durch die Wüste von Mauretanien.

Ein Viertel der Erdoberfläche besteht aus Wüste. Dort leben insgesamt 500 Millionen Menschen.

Die Antarktis – eine Wüste aus Wasser

Der Wind hat das Eis auf dem Mount Discovery in der Antarktis wunderschön geformt.

Die Antarktis ist die größte Wüste der Erde. Trotzdem birgt sie 70 Prozent des Süßwassers auf der Erde.

Die Antarktis ist die trockenste Wüste unseres Planeten, und dennoch gibt es nirgends mehr Süßwasser. Allerdings ist dieses Wasser gefroren und kann deshalb nicht genutzt werden. In der Antarktis gibt es nur wenige Lebewesen. Die meisten sind winzig klein und nur unter dem Mikroskop zu erkennen. Die Winde in der Antarktis sind oft bis zu 300 Kilometer pro Stunde schnell. Sie formen die Felsen und den Schnee auf den Vulkanen, so wie hier auf dem Mount Discovery.
Die Antarktis ist ein Kontinent der Extreme. Seit 1959 arbeiten hier Wissenschaftler aus aller Welt und erforschen die besondere Landschaft. Die Antarktis gehört zu keinem bestimmten Staat.

Der Kaiserpinguin

Nur an den Küsten der Antarktis leben Tiere. Einer der wenigen Dauerbewohner ist der berühmte Kaiserpinguin. Zur Fortpflanzungszeit versammeln sich die Tiere zu Tausenden an der Küste. Jedes Pinguinweibchen legt im Jahr nur ein Ei. Die Eltern versorgen ihr Junges mit frisch gefangenen Fischen.

Ein Drittel der Erdoberfläche verwandelt sich in Wüste

Bewirtschaftetes Land in der Gegend um Tichit, Mauretanien

Weltweit sind die Wüsten auf dem Vormarsch. In manchen Gegenden, zum Beispiel in der Sahelzone oder in China, dringt die Wüste besonders rasant vor.

An der Ausbreitung der Wüsten ist auch der Mensch schuld. Wenn Wälder abgeholzt werden, wird der Boden nicht mehr durch die Baumwurzeln gehalten. Wind und Wasser tragen dann die fruchtbare Erde ab. Das Gebiet trocknet nach und nach aus. Auf dem ausgetrockneten Land können nur noch wenige Tiere leben. Es gibt ein Mittel gegen die Ausbreitung der Wüsten: Die Menschen müssen Bäume pflanzen und das ausgetrocknete Land langsam zurückgewinnen.

Wunderbare Überlebensstrategien

Wer in der Wüste überleben will, muss wissen, wie man Wasser spart und sich vor der Sonne schützt. Viele Wüstenpflanzen haben Blätter mit geringer Oberfläche, zum Beispiel Stacheln. Oder die Blätter können sich einrollen, um nicht in der Sonne zu verbrennen. Das Wasser wird in den dicken Stängeln gespeichert.
Große Säugetiere wie das Dromedar setzen nur einen möglichst kleinen Teil ihres Körpers der Sonne aus. Oft haben sie helles Fell, das nicht so viel Sonnenlicht aufnimmt, und lange Beine, damit ihr Körper möglichst weit vom heißen Wüstenboden entfernt ist. In den Fettschichten unter der Haut speichern sie Wasser. In der Wüste gibt es auch Insekten. Sie haben einen dicken Panzer und leben im Boden, wo sie vor der Sonne geschützt sind.

Artenschutz

Vor fast vier Milliarden Jahren entstanden die ersten Lebewesen auf der Erde: Einzeller. Im Lauf der Evolution entwickelten sich aus diesen einfachen Lebewesen immer kompliziertere Tiere und Pflanzen. Nach einiger Zeit starben sie wieder aus, um neuen Arten Platz zu machen. Spinnen, Kakteen, Wale, Menschen – alle Lebewesen auf der Erde stammen von den ersten Einzellern ab.

Der Mensch ist ein Lebewesen unter vielen, doch er richtet mit Abstand die größten Schäden an. Er zerstört die Lebensräume anderer Arten, baut Straßen, errichtet Zäune und zwingt die Tiere zu anderen Routen. Der Mensch macht Jagd auf geschützte Wildtiere und befördert Tiere vom einen Ende der Welt zum anderen. Weil der Mensch das natürliche Gleichgewicht stört, gehen die Arten tausendmal schneller unter, als es ohne den Menschen der Fall wäre. In der Erdgeschichte gab es schon häufiger Zeiten, in denen viele Tierarten auf einmal ausstarben. Ein berühmtes Beispiel sind die Dinosaurier. Zum ersten Mal aber trägt ein Lebewesen die Schuld am Artensterben: der Mensch. Deshalb liegt es an uns, diese Entwicklung aufzuhalten.

Wal in der Bucht von Samana, Dominikanische Republik

Auf der Erde gibt es 1,75 Millionen Tier- und Pflanzenarten. Viele sind vom Aussterben bedroht.

Wir können Wildtiere in Ruhe leben lassen!

Dieser Hirsch lebt in einem Park bei Kopenhagen, Dänemark.

Wälder werden abgeholzt, Feuchtgebiete trocknen aus, große Staudämme halten den Lauf des Wassers auf. Es gibt immer mehr Menschen auf der Welt, und sie brauchen immer mehr Platz. Für die Tiere wird der Lebensraum deshalb immer kleiner.

Aber es ist möglich, gemeinsam mit den Tieren zu leben! In den Stadtparks der dänischen Hauptstadt Kopenhagen vermehren sich zum Beispiel die Wildtiere, darunter Füchse, Eichhörnchen, Dachse und Hirsche. In Deutschland und anderen Ländern hat man große Naturschutzgebiete eingerichtet. In diesen Landschaften können die wilden Tiere Europas überleben.

Im Krieg sterben auch Tiere

Das Nilpferd steht seit 2006 auf der Liste der vom Aussterben bedrohten Arten. Seit 1994 wurden 95 Prozent aller Nilpferde abgeschossen. Doch auch der Krieg ist für ihr Aussterben verantwortlich.

Die Nilpferde werden von Wilderern, Rebellen oder Aufständischen getötet, die das Fleisch essen oder verkaufen. Wilderei, also das verbotene Abschießen geschützter Tiere, ist vor allem in armen Ländern und Kriegsgebieten weit verbreitet. Dort haben die Menschen keine Einkünfte oder einfach nicht genug zu essen.

Kein Eis, kein Krill

Auf den Eisschollen am Südpol leben Adeliepinguine.

Dieser Pinguin sieht auf seiner Eisscholle in der Antarktis ganz einsam aus!

Der Pinguin ist vom Klimawandel bedroht, ebenso wie ein Viertel aller Tierarten auf der Welt. Die Erderwärmung nimmt ihm seine Nahrungsquelle. Er ernährt sich von Krill, einem kleinen Krebstier, das in großen Schwärmen im Meer lebt. Der Krill wiederum ernährt sich von Algen, die unter den Eisschollen leben. Weil es immer wärmer wird, schmilzt das Eis und es wachsen weniger Algen. Damit gibt es auch weniger Krill, also weniger Nahrung für den Pinguin. In manchen Gegenden der Antarktis gibt es nur noch halb so viele Pinguine wie vor zehn Jahren.

Auch wir sind Teil der Artenvielfalt!

Der Mensch ist das Ergebnis von über drei Milliarden Jahren Evolution. Er ist also ein Teil der Artenvielfalt auf der Erde. Der Mensch ist ein Säugetier. Wie bei jedem Säugetier tragen die Frauen ihre Kinder im Bauch aus und säugen sie an der Brust. Aber oft vergisst der Mensch, dass er nur ein Lebewesen unter vielen ist. Dabei ist er von allen anderen Tieren und Pflanzen auf der Erde abhängig: Er braucht Nahrung, sauberes Wasser und saubere Luft zum Atmen. Wenn der Mensch die anderen Lebewesen nicht schützt, bringt er sich selbst in Gefahr.

Ein Viertel aller Arten auf der Erde wird die Klimaveränderung womöglich nicht überleben und noch in diesem Jahrhundert aussterben.

Teil 3

Die Meere

Ohne Meere gibt es kein Leben auf der Erde

Man nennt unsere Erde auch oft den »blauen Planeten«. Vom Weltall aus betrachtet, ist er tatsächlich blau: Fast drei Viertel der Erde sind von Ozeanen bedeckt.

Alles Leben stammt aus dem Meer. Wusstest du, dass der Sauerstoff, den so viele Lebewesen brauchen, zum größten Teil aus dem Meer kommt? Die Meere regeln auch das Klima und tauschen rund um die Erde die Wärme aus. Ihnen ist es zu verdanken, dass die Erde vom Äquator bis zum Polarkreis bewohnbar ist. Und schließlich sind die Meere für den Menschen eine wichtige Nahrungsquelle. Einer von sechs Menschen auf der Erde lebt von der Fischerei.

Doch in den letzten 60 Jahren sind die Meere aus dem Gleichgewicht geraten. Durch den Klimawandel wird auch das Wasser wärmer. Außerdem wird zu viel gefischt. Vor 50 Jahren wurde viermal weniger Fisch gegessen als heute. Es gibt nicht mehr genug Fisch für alle Menschen. Lange Zeit glaubte man, die Weltmeere seien unerschöpflich. Heute weiß man, dass sie empfindlich auf unser Handeln reagieren.

Diese kleine Insel gehört zu dem Sulu-Archipel, Philippinen.

Die Meere bedecken fast drei Viertel der Erdoberfläche.

Die Küsten – unsichtbare Oasen

Die Insel Nuami liegt südlich der Pinieninsel in Neukaledonien.

Zwei Drittel der Korallen sind vom Aussterben bedroht.

Korallen leben im flachen, klaren Wasser der tropischen Küsten. Erst vor Kurzem haben Wissenschaftler entdeckt, dass es auch Kaltwasserkorallen gibt, die in Europa und Südamerika vorkommen. Sie leben in tieferen Gewässern, und es gibt offenbar eine ganze Reihe verschiedener Arten.

Die Küstengebiete sind nur ein kleiner Teil der Meere. Aber hier gibt es besonders lebendige und vielfältige Ökosysteme: Plankton, Algen, Muscheln, Fische … An den Küsten leben 90 Prozent aller Meerespflanzen und Meerestiere!

Mangroven: die Wälder der Küsten

An den tropischen Küsten wachsen Mangrovenwälder. Gemeinsam mit den Korallen spielen sie für das Leben im Meer eine wichtige Rolle. Sehr viele Meeresorganismen brauchen diese immergrünen Laubwälder: Hier können sie sich fortpflanzen, vor Feinden verstecken, sich entwickeln oder Nahrung finden. Leider ist im letzten Jahrhundert schon die Hälfte der Mangrovenwälder zerstört worden. Auch zwei Drittel aller Korallenriffe der Erde sind von der Zerstörung bedroht.

Wusstest du schon …

… dass eines der wichtigsten Medikamente gegen Aids aus einem Korallenschwamm von den karibischen Inseln hergestellt wird?

Über die Hälfte der Weltbevölkerung lebt an den Küsten

Das Finanzviertel Manhattan in New York

Die Küstengebiete machen zwar nur ein Fünftel des Festlandes aus, aber trotzdem lebt hier die Hälfte der Menschheit. Bis zum Jahr 2025 werden sich wahrscheinlich drei Viertel der Weltbevölkerung dort angesiedelt haben.

Auch die Menschen wohnen gerne an der Küste. Dort gibt es Häfen, von denen aus man in die Welt reisen und Handel treiben kann.

Die Korallenriffe im Meer sind ebenso wichtig wie die Regenwälder an Land.

Aktive Bürger

Eine amerikanische Gesellschaft zum Schutz der Meere ruft jedes Jahr dazu auf, einen Tag lang die Küsten zu reinigen. Im Jahr 2006 beteiligten sich über 350 000 Freiwillige in fast 70 Ländern.

Auf 55 000 Kilometer Küste sammelten sie über sieben Millionen Tonnen Müll ein. Solche Putzaktionen sind sehr wichtig. Jedes Jahr ersticken ungefähr eine Million Meeresvögel sowie 100 000 Meeressäuger und Meeresschildkröten an Plastikmüll.

Fisch, ein Hauptnahrungsmittel des Menschen

Schon seit jeher ernähren sich die Menschen zum Teil aus dem Meer. Fisch ist gesund: Er liefert uns Eiweiß, Jod, Vitamine und gesunde Fette. Lange glaubten die Menschen, die Meere und die Nahrung darin seien unerschöpflich. Heute wissen wir, dass das nicht stimmt. Im Gegenteil: Das Meer reagiert auf unser Handeln. Die Fischbestände sind heute stark bedroht. Viele Fischarten sind innerhalb kurzer Zeit ausgestorben.

Das liegt hauptsächlich an der Industriefischerei, denn die großen Fangschiffe entnehmen dem Meer zu viele Fische auf einmal. Leidtragende sind die kleinen Fischer rund um den Erdball. Sie haben zunehmend Schwierigkeiten, von der Fischerei zu leben. Dabei ist ein großer Teil der Menschheit direkt auf die Nahrung aus dem Meer angewiesen.

Die Fischer von Kayar im Senegal kehren mit ihrem Fang heim.

Einer von sechs Menschen lebt vom Fisch und vom Fischfang.

Die meisten Fischer arbeiten allein und mit kleinen Booten

Die thailändischen Fischer trocknen ihren Fang.

Vor allem in den Entwicklungsländern sind über 200 Millionen Menschen auf die Fischerei angewiesen. Sie verdienen ihr Geld mit dem Fischfang und brauchen den Fisch als Nahrung.

Fisch ist für diese Menschen ein günstiges, gutes Lebensmittel mit viel Eiweiß. Oft werden die Fische – wie auf diesem Bild – an der Sonne getrocknet, um sie haltbar zu machen. Muscheln werden meist bei Ebbe gesammelt.

Nachhaltig fischen heißt, nicht zu viele und nicht zu kleine Fische zu fangen. Auf diese Art könnte es immer genügend Fische in den Meeren geben.

Manch ein Tiefseefisch ist älter als deine Oma!

Der Kaiserbarsch, der Grenadier oder auch der Säbelfisch sind Tiefseefische, die von den großen Fabrikschiffen gefangen werden. Wenn so ein Fisch auf unserem Teller landet, ist er oft schon 100 Jahre alt! Der Granatbarsch wird sogar bis zu 150 Jahre alt – wenn wir ihn lassen!

Die kleinen Fischer leiden unter der Industriefischerei

Ein Fischer in Tunesien

Wenn zu viele Fische aus dem Meer gezogen werden, wird es für die kleinen Fischer immer schwieriger. Sie fangen weniger und müssen weiter aufs Meer hinausfahren, um überhaupt noch Fische zu finden.

Nur ein Fischer von zehn arbeitet auf einem der großen Fang- und Verarbeitungsschiffe. Aber die Fabrikschiffe fangen die Hälfte aller Fische weltweit. Die riesigen Schiffe orten die Fischschwärme mit Radargeräten und Ultraschall und verfolgen sie über weite Strecken. Ihre riesigen Netze fangen ganze Schwärme ein.

Raubbau im Meer

Große Fang- und Verarbeitungsschiffe, auf denen der Fisch gleich zerlegt und tiefgefroren wird, bedrohen die Fischbestände. Der Mensch hielt es lange Zeit nicht für möglich, aber er ist tatsächlich dabei, die Weltmeere leer zu fischen.

- **Mehr als drei Viertel aller Fischbestände sind überfischt.**
- **Ein Drittel der Meereslebewesen ist vom Aussterben bedroht.**
- **Die großen Fischarten sind bereits zu 90 Prozent weggefischt. Dazu gehören Kabeljau, Heilbutt und Thunfisch.**

Die Fabrikschiffe orten große Fischschwärme und fangen sie mit riesigen Schleppnetzen ein.

Die Fischzucht

Der Mensch kann nicht nur Felder bestellen und Rinder oder Schweine mästen, sondern auch Fische und andere Meerestiere züchten. Vor 60 Jahren kamen noch weniger als eine Tonne Meerestiere im Jahr aus Zuchtbetrieben – heute sind es schon 60 Millionen Tonnen.

Die meisten Betriebe befinden sich in Asien. Dort werden in großen Unterwasserbecken Fische, Meeresfrüchte und Algen gezogen. Gerade von der Algenzucht erhofft man sich viel: Man kann die Algen zu Lebensmitteln verarbeiten oder in der Industrie verwenden. Muscheln ernähren sich von Plankton und brauchen sehr sauberes Wasser, um zu wachsen.

In dieser Anlage in einer Meeresbucht in Frankreich werden Muscheln gezüchtet.

Fast die Hälfte der Fische, die wir essen, stammen aus Zuchtbetrieben.

Gezüchteter Fisch statt Wildfang?

Fischzucht auf der südkoreanischen Insel Wando in der Provinz Jeollanamdo

In solchen Farmen werden Fische gezüchtet. Man bezeichnet das auch als Aquakultur.

Bei Fischen gibt es Pflanzenfresser, die sich hauptsächlich von Algen ernähren. Dazu gehört zum Beispiel der Karpfen. Und es gibt Fische, die sich von anderen Fischen ernähren, zum Beispiel der Lachs, der Barsch, die Forelle und der Thunfisch. Bei solchen Fischen kann die Aquakultur das Problem der Überfischung im Meer nicht lösen. Denn für ein Kilo Fisch braucht man drei bis vier Kilo Fischmehl zum Verfüttern! Einige Fischzüchter versuchen, ihre Fische mit Abfällen zu füttern, um die wild lebenden Fische im Meer zu schützen.

Teure Shrimpszucht

Die Garnelenzucht ist oft besonders schädlich für die Umwelt. Der natürliche Lebensraum der Garnelen sind die Mangroven. Doch viele Züchter zerstören die Mangrovenwälder und bauen an anderer Stelle riesige Zuchtbecken, in denen sie die Garnelen aufziehen. Mit Medikamenten schützen die Züchter die Tiere vor Krankheiten. Diese Medikamente gelangen wiederum ins Wasser, das deshalb ständig erneuert werden muss. Für ein Kilo Shrimps werden drei Kilo Fischmehl verfüttert.

Algen: ein wertvoller Nahrungslieferant

Algenernte auf der Insel Bali in Indonesien

Jährlich werden acht Millionen Tonnen Algen hergestellt. Ein Großteil davon dient als Nahrung.

Algen sind reich an Mineralstoffen, Vitaminen und wichtigen Fettsäuren. Auch ein Gel, das aus Algen hergestellt wird, kommt in der Medizin und der Nahrungsmittelindustrie zum Einsatz.

Die Asiaten essen schon immer viele Algen. Heute werden Algen aber überall auf der Welt hoch geschätzt. Algen können auch vor Mangelernährung schützen. In vielen afrikanischen Ländern erhalten unterernährte Kinder Algen, um wieder zu Kräften zu kommen.

In Burkina Faso werden Spirulina-Algen in großen Becken gezüchtet.

Benzin aus Algen?

Sind Algen der Treibstoff der Zukunft? Das wäre gut möglich. Algen enthalten Öl. Daraus kann man Biotreibstoff herstellen, genau wie aus Rapsöl oder Palmöl. Der Vorteil der Algen ist, dass sie viel mehr Öl produzieren: Aus einem Hektar Algen kann man zehn- bis dreißigmal so viel Öl gewinnen wie aus einem Hektar Raps. Außerdem sind Algen sehr klein, so dass weniger Abfälle entstehen.

Die Meere und das Klima

Es gibt eine enge Beziehung zwischen den Meeren und der Atmosphäre, also der Gashülle, die unseren Planeten umschließt. Ohne das Meer gäbe es in der Erdatmosphäre keinen Sauerstoff. Die ersten Algen entwickelten sich vor vielen Millionen Jahren. Algen betreiben Fotosynthese, also einen Stoffwechsel, bei dem Kohlendioxid verbraucht und Sauerstoff erzeugt wird. Noch heute liefern die winzigen Algen zwei Drittel des Sauerstoffs in der Atmosphäre.

Der Regen, der aus dem verdunsteten Meerwasser entsteht, ist für uns Menschen lebenswichtig. Außerdem nimmt das Meer Kohlendioxid (CO_2) auf. So verringert es die schädlichen Auswirkungen des Treibhausgases, das der Mensch in zu großen Mengen erzeugt.

Die Ozeane funktionieren wie ein großer Temperaturregler. Sie verteilen die Wärme und gleichen die Temperaturunterschiede aus, die zwischen Sommer und Winter sowie zwischen den Polen und dem Äquator herrschen. Wenn aber die Meeresoberfläche zu warm wird, entstehen Naturkräfte, die dem Menschen gefährlich werden können, zum Beispiel zerstörerische Wirbelstürme.

Inseln und Meeresgründe im Bezirk Exuma Cays, Bahamas

Zwei Drittel unseres Sauerstoffs werden vom Meeresplankton erzeugt.

Der Golfstrom bringt Wärme nach Europa

Der Golfstrom ist eine der wichtigsten Meeresströmungen der Welt.

Er trägt dazu bei, dass das Klima in Europa so mild ist. Madrid zum Beispiel liegt auf dem gleichen Breitengrad wie New York. Dort müssten also ähnliche Temperaturen herrschen. Dank des Golfstroms ist es in Madrid aber viel wärmer.

Der Golfstrom verläuft im Atlantik. Er befördert warmes Wasser vom Äquator in Richtung Nordpol. Auf dem Weg nach Norden kühlt das warme Wasser ab, und auf dem Rückweg zum Äquator erwärmt sich das Wasser wieder. In den letzten 50 Jahren hat die Menge des warmen Wassers im Golfstrom um ein Drittel abgenommen. Einige Wissenschaftler vermuten, dass der Klimawandel daran schuld ist. Wenn es den Golfstrom nicht mehr gäbe, würde es in Europa sehr kalt werden.

Die Wendekreise verschieben sich

Auf jeder Weltkarte kann man gestrichelte Linien oberhalb und unterhalb des Äquators sehen: den nördlichen und den südlichen Wendekreis. Zwischen den Wendekreisen liegen die Tropen.

Wissenschaftler der amerikanischen Weltraumbehörde NASA haben beobachtet, dass sich die Wendekreise um 110 Kilometer zu den Polen hin verschoben haben. Das hat Einfluss auf die Regenhäufigkeit. Die Trockengebiete werden bis nach Australien, zur amerikanischen Westküste und zum Mittelmeer verschoben. Auch dafür könnte der Klimawandel verantwortlich sein.

Wenn sich das Meer erwärmt, entstehen mehr Stürme

Große Teile der Stadt New Orleans in den USA wurden 2005 durch den Hurrikan Katrina zerstört.

Diese Häuser wurden von einer Kraft zerstört, die aus dem Meer kommt. Wenn die Ozeane zu warm sind, entlädt sich die überschüssige Energie in die Atmosphäre. So entstehen Luftwirbel, die aufsteigen. Man nennt diese Stürme Hurrikane oder Zyklone.

Aufgrund des Klimawandels wird es immer mehr und stärkere Wirbelstürme geben.

Das Meer nimmt Kohlendioxid auf

Wasser kann Kohlendioxid aufnehmen – umso mehr, je kälter es ist. So konnten die Weltmeere den Treibhauseffekt und den weltweiten Temperaturanstieg verringern. Wenn sich die Meere aber weiter erwärmen, können sie diese wichtige Rolle nicht mehr übernehmen. Zu viel Kohlendioxid macht sie außerdem sauer. Bestimmte Planktonarten und Korallen können dann nicht mehr leben, weil ihre Schutzschicht aus Kalk von der Säure zersetzt wird.

Erde und Boden

Teil 4

Abfall und Wiederverwertung

Auf der Erde leben immer mehr Menschen, die immer mehr einkaufen und verbrauchen. Außerdem werden immer mehr Dinge hergestellt, und vieles davon ist nicht lange haltbar. So werfen wir es weg und kaufen etwas Neues. Das wird der Erde auf Dauer zu viel. Die Müllberge wachsen an, und die reichen Länder schicken ihren Müll in ärmere Länder, vor allem Papier, alte Computer, Spielekonsolen oder andere technische Geräte. Der Abfall wird in den armen Ländern wiederverwertet. Das kann allerdings sehr ungesund sein, denn im Müll sind viele giftige Stoffe enthalten. Diese Giftstoffe gelangen auch in die Luft, in den Boden und ins Grundwasser.

Wir müssen deshalb darauf achten, dass unsere Geräte länger halten und wir sie nicht so schnell wegwerfen müssen. Und wir dürfen den Müll nicht in andere Länder schicken! Wir müssen unseren Abfall im eigenen Land entsorgen und versuchen, neue Materialien daraus zu gewinnen.

Müllkippe in der Dominikanischen Republik

In den Industrieländern hat sich die Müllmenge pro Einwohner in den letzten 20 Jahren verdreifacht.

Jeder Deutsche produziert im Jahr 230 Kilo Hausmüll

Autoschrottplatz im französischen Saint-Brieuc

Je mehr wir verbrauchen, umso mehr Müll produzieren wir.

- Ein Computer verursacht bei der Herstellung insgesamt 1500 Kilogramm Müll,
- ein Mobiltelefon 75 Kilogramm Müll
- ein Goldring 200 Kilogramm.

Wir sollten daher nur kaufen, was wir wirklich benutzen. Sachen, die man selten braucht, kann man sich auch leihen (zum Beispiel eine Bohrmaschine, eine DVD oder ein Auto). Etwas teurere Produkte in guter Qualität halten meist länger als billige. Und bevor man etwas wegwirft, kann man versuchen, es zu reparieren.

Wenn es in den Container geworfen wird, kann Aluminium wiederverwertet werden.

Plastik im Pazifik

Im Pazifischen Ozean fließen zwischen Kalifornien und Hawaii einige Meeresströmungen zusammen. Dort sammelt sich Müll, den Menschen ins Meer geworfen haben. Plastiktüten, Zahnbürsten, Spielzeug, Becher und Flaschen bilden eine Fläche, die größer ist als der amerikanische Bundesstaat Texas! Wenn sich niemand darum kümmert, wird das Plastik sehr lange dort bleiben. Kunststoffe können von der Natur nicht abgebaut werden.

Die Natur betreibt schon seit vier Milliarden Jahren Recycling

Wald von Charlevoix in der Provinz Quebec in Kanada

Wenn die Blätter von den Bäumen fallen, landen sie auf dem Boden und werden langsam zersetzt. Bakterien, Pilze und Insekten ernähren sich davon. Über die Blätter nehmen sie Mineralstoffe auf und geben diese später wieder an den Boden ab. Davon leben wiederum die Pflanzen und Bäume.

Alles wird wiederverwertet, nichts geht verloren. Tun wir es der Natur gleich, und verarbeiten wir unseren Müll weiter!

Ein Viertel des Mülls besteht nur aus Verpackungen. Die Verpackung macht manchmal die Hälfte des Preises einer Ware aus!

Tipps für den Alltag

- **Kaufe Produkte, die man mehrmals verwenden kann und nicht gleich wegwerfen muss: Stoffservietten statt Papierservietten zum Beispiel oder Trinkflaschen aus Glas statt Plastikflaschen.**
- **Wähle Produkte mit wenig Verpackung und in möglichst großen Mengen, bei denen es nur eine Packung gibt und nicht viele kleine.**

Minen und Rohstoffe

Jeder weiß, dass Energie knapp wird. Weniger hört man über die Rohstoffe Kupfer, Aluminium oder Nickel. Diese Metalle werden in Minen abgebaut. Auch ihr Vorrat wird am Ende des 21. Jahrhunderts erschöpft sein. Im vergangenen Jahrhundert wurden sehr große Mengen Metall abgebaut. Es gab so viel davon, dass die Preise sanken. Inzwischen wird in Ländern wie China oder Indien viel Metall gebraucht, weil dort für die wachsende Bevölkerung immer mehr gebaut und produziert wird. Auch in Europa brauchen wir immer mehr Metalle, um technische Geräte zu bauen. In Computern, Bildschirmen und Telefonen steckt viel Metall.

Aber irgendwann werden die Rohstoffe aufgebraucht sein. Daher sollten wir unsere Gewohnheiten ändern: Wenn wir weniger überflüssige Dinge herstellen und Materialien wiederverwerten, reichen die Rohstoffe auf der Welt länger.

Kohlemine in der Nähe von Delmas, Südafrika

Wir müssen Metalle wiederverwerten, damit die Rohstoffe nicht noch in diesem Jahrhundert aufgebraucht sind.

Der Abbau von Metallen frisst Löcher in die Landschaft und verbraucht viel Wasser. Beispiel: Uran

Uranmine im Kakadu-Nationalpark in Australien

Beim Abbau von Uran wird zunächst Erz gewonnen. Aus 2,5 Tonnen Erz erhält man ein Kilogramm reines Uran.

Uran ist ein Stoff, mit dem man in Atomkraftwerken Strom erzeugen kann. Beim Abbau von Uran entsteht Staub. Dieser Uranstaub kann die Umwelt verschmutzen. In der australischen Mine, die hier zu sehen ist, stehen große Sprinkleranlagen; das sind die merkwürdigen kreisförmigen Gebilde. Sie sollen verhindern, dass der Staub sich in der Umwelt absetzt.
Atomkraft ist als Energiequelle umstritten, weil dabei radioaktiver Abfall entsteht. Dieser Abfall ist noch viele Jahrtausende oder Jahrmillionen gefährlich für Mensch und Umwelt.

Ein Beispiel für Metallrecycling: Aluminium

Das Recycling von Dosen aus Aluminium kostet nur ein Zwanzigstel der Energie, die bei der Herstellung dieser Dosen benötigt wird! Aluminium kann man beliebig oft wiederverwerten.

Leider wird erst die Hälfte aller Aluminiumdosen in Europa recycelt. Dabei braucht eine Dose 10 000 Jahre, bis sie sich in der Natur abgebaut hat!

Wenn wir weiter so viele Atomkraftwerke betreiben wie bisher, reicht das Uran weltweit noch 60 Jahre.

Technische Geräte als Quelle für neues Metall

Auf diesem griechischen Schrottplatz in Aspropyrgos in der Region Attika werden Waschmaschinen gesammelt.

Für die Herstellung von Haushaltsgeräten wird viel Metall verarbeitet. Ein Computer oder ein Mobiltelefon enthält bis zu 30 verschiedene Metalle. Darunter sind seltene und wertvolle Metalle wie Gold, Tantal, Germanium, Iridium oder Platin.

Diese wertvollen Metalle kann man wiederverwerten. Man soll sie sowieso nicht einfach in den Müll werfen, denn sie sind sehr giftig. Kaputte Geräte muss man ins Geschäft zurückbringen oder in einem Wertstoffhof abgeben.

Coltanabbau im Kongo – eine Gefahr für Mensch und Gorilla

Das Roherz Coltan enthält das seltene und wertvolle Metall Tantal. Es wird zur Herstellung von Computern, Mobiltelefonen, MP3-Playern oder Spielekonsolen gebraucht. Im Kongo gibt es viel Coltan. Um die Coltanminen im Urwald kommt es immer wieder zu Kämpfen zwischen Soldaten der Regierung und Rebellen.

Aber nicht nur Menschen fallen der Gier nach dem Metall zum Opfer. Auch die Gorillas werden gejagt, und ihr Fleisch wird an die Minenarbeiter verkauft. In der Gegend ist deshalb schon die Hälfte aller Gorillas ausgerottet.

Erdöl, ein wertvoller Rohstoff

Erdöl ist in Form von Diesel und Benzin heute aus unserem Alltag nicht mehr wegzudenken: Wir fahren mit dem Auto oder dem Bus, und die Waren gelangen mit Lastwagen, Flugzeugen oder dem Zug in unsere Supermärkte. Das Getreide auf den Feldern wird mithilfe von Traktoren angebaut. Unsere Häuser werden mit Kränen und Bulldozern errichtet. Und überall gibt es Sachen aus Plastik, das ebenfalls aus Erdöl hergestellt wird.

Weil wir so sehr vom Öl abhängig sind, müssen wir immer neue Ölquellen finden. Doch wir verbrauchen mehr, als wir fördern. Öl wird in Zukunft immer seltener und immer teurer werden. Deshalb werden wir uns andere Lösungen überlegen müssen.

Ölplattform Al Shaheen im arabischen Emirat Katar

Die Menschen verbrauchen zwei- bis dreimal mehr Öl, als sie fördern.

Wie werden wir uns in Zukunft fortbewegen?

Motorroller in der Nähe von Bangkok in Thailand

Wer allein fährt, braucht kein großes Auto.

Öffentliche Verkehrsmittel oder Motorroller sind für Kurzstrecken und den Stadtverkehr viel besser geeignet als Autos. Sie sind billiger und brauchen weniger Energie. Weil die Menschen Benzin sparen wollen, bauen die Autohersteller mittlerweile auch wieder kleinere Autos. Manche können mit Wasserstoff oder Strom betrieben werden.

Mehr öffentliche Verkehrsmittel

In Zukunft werden öffentliche Verkehrsmittel wie Busse, S-Bahnen und U-Bahnen noch wichtiger sein als heute. In manchen Städten kann man sich auch Fahrräder leihen. In der Schweizer Stadt Genf haben schon 60 000 Menschen kein eigenes Auto mehr. Sie teilen sich Autos mit anderen und benutzen sie je nach Bedarf. Weil nicht alle zur gleichen Zeit ein Auto brauchen, kann man auf diese Weise viel Geld und Energie sparen!

Auch viele Waren könnten in Zukunft mit dem Zug oder mit Schiffen transportiert werden. Lastwagen bräuchte man dann nur noch für kurze Strecken.

Ist es besser, Erdöl durch nachwachsende Kraftstoffe zu ersetzen?

Eine Hirschkuh schlägt sich im Tal von Chevreuse in Frankreich durch ein leuchtend gelbes Rapsfeld.

Die meisten Abgase produziert ein Auto auf kurzen Strecken.

Für kurze Strecken sollte man sich deshalb lieber die Turnschuhe anziehen oder auf sein Fahrrad steigen. Jedes Auto erzeugt im Jahr das Dreifache seines Gewichts an Schadstoffen!

Ethanol und Pflanzenöl kann man als nachwachsende Biotreibstoffe statt Benzin oder Diesel einsetzen. Ethanol wird aus Zuckerrohr, Mais oder Rüben gewonnen, Pflanzenöl aus Ölpalmen oder Raps.

Sind solche Biotreibstoffe umweltfreundlich? Meistens noch nicht. Alle genannten Pflanzen brauchen viel Dünger, Pflanzenschutzmittel und große Anbauflächen. Dafür werden auch Urwälder in Indonesien oder im Amazonasgebiet abgeholzt. Und wie kann man auf den Feldern Treibstoffpflanzen anbauen, wenn gleichzeitig 850 Millionen Menschen auf der Welt Hunger leiden? Wäre es nicht besser, stattdessen Nahrungsmittel zu erzeugen?

Um mehr Anbauflächen für Pflanzen zu gewinnen, die Treibstoff liefern, werden Regenwälder abgeholzt wie hier im Amazonasgebiet.

Erneuerbare Energien

Die Badenden im isländischen Grindavik genießen das Wasser der warmen Quellen. Island liegt auf zwei Kontinentalplatten, die auseinanderstreben. An der Spalte steigt ständig heißes Magma nach oben.

Die Erdwärme kann man an der Erdoberfläche nutzen. Es gibt viele natürliche Energieformen wie diese, die wir noch mehr fördern könnten. Dazu gehört auch die Sonnenenergie. Man kann sie mit Solarzellen auffangen und die Wärme in Strom umwandeln. Auch aus Windenergie kann Strom erzeugt werden. Sogar die Gezeiten Ebbe und Flut kann man für die Energieerzeugung nutzbar machen. All diese natürlichen Energieformen sind unerschöpflich – sie werden nie aufgebraucht sein. Außerdem setzen sie keine Treibhausgase frei, und man kann sie auf der ganzen Welt einsetzen. Sicher wird man die erneuerbaren Energien in Zukunft viel stärker fördern.

Isländer beim Bad in der Blauen Lagune auf der Halbinsel Reykjanes

Überall auf der Welt erforschen die Wissenschaftler erneuerbare Energien.

Windräder

Dieser Windpark liefert der französischen Region Avignonet Lauragais Strom.

Dieses Dorf nutzt den Wind zur Energiegewinnung.

In vielen Gegenden der Welt und auch in Deutschland werden immer mehr Windräder gebaut. In den USA hat sich die Zahl der Windräder im Jahr 2007 verdoppelt.

Die Rotorblätter der Windräder fangen die Windenergie ein. Während sie sich drehen, geben sie ihre Kraft an einen Generator weiter, der die Kraft in Strom umwandelt. Je größer die Rotorblätter sind, umso mehr Energie kann erzeugt werden.

Energie aus Abfall: das Biogas

Bioabfälle aus der Landwirtschaft oder aus Haushalten können von Bakterien abgebaut werden. Die Bakterien verwandeln den Müll in ein Gas, das man Biogas nennt. Damit kann man heizen, Strom erzeugen und sogar Busse betreiben!

Die Sonnenenergie könnte in weniger als 20 Jahren ein Viertel des weltweiten Energiebedarfs decken

Ein Solarkraftwerk in Sanlúcar la Mayor bei Sevilla, Spanien

Dieses Sonnenkraftwerk richtet sich nach der Sonne aus, ähnlich einer Sonnenblume. So fängt es immer die größtmögliche Energiemenge ein. Die Sonnenwärme wird mit sogenannten Fotovoltaikmodulen aufgefangen und in Strom umgewandelt.

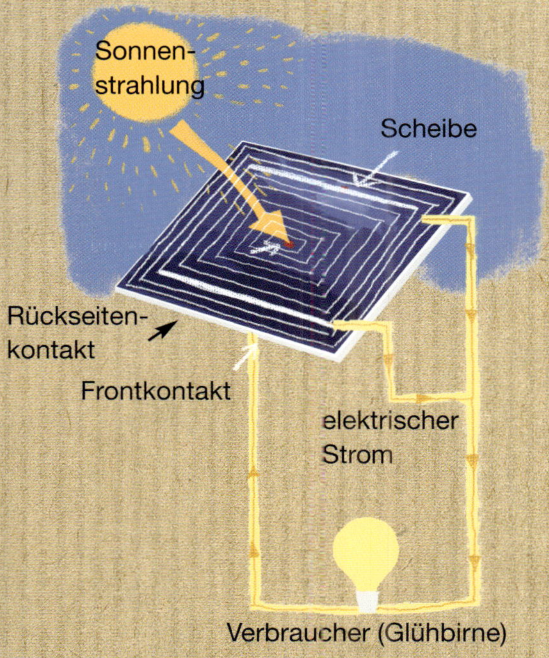

Eine Solarzelle nimmt Lichtstrahlen auf und wandelt sie in Strom um.

Weshalb ist das Verbrennen von Holz nicht für das Klima schädlich?

Viele Leute beheizen ihre Wohnung mit Holz. Holz gehört zu den erneuerbaren Energien, wenn es aus Wäldern stammt, die nachhaltig bewirtschaftet werden – das heißt, wenn den Wäldern immer nur so viel Holz entnommen wird, dass genug nachwachsen kann. In diesem Fall gibt es auch keinen Überschuss an Treibhausgasen: Ein Baum nimmt Kohlendioxid auf, während er wächst. Wenn man ihn dann fällt und das Holz verbrennt, wird nur so viel Kohlendioxid frei, wie der Baum aufgenommen hat. Das Klima wird deshalb nicht verändert.

Teil 5

Die Städte

Das Jahrtausend der Städte

Lange Zeit haben die Menschen in kleinen Dörfern gelebt und sich von der Landwirtschaft ernährt. Doch heute wohnt die Mehrheit der Menschen in Städten. Das verändert vieles. Die Lebensmittel müssen erst in die Städte transportiert werden, ebenso das Trinkwasser. Der Müll wiederum muss aus den Städten fortgebracht werden.

In den Industrieländern leben schon seit längerer Zeit viele Menschen in den Städten. Nach und nach siedelten immer mehr vom Land in die Städte um. Doch in den Entwicklungsländern ziehen Massen von Menschen gleichzeitig in die Stadt. Das führt in den Städten zu Armut, Arbeitslosigkeit und Verbrechen.

Auch für die Umwelt ist das nicht gut. Die Wasserqualität ist schlechter geworden, die Grundwasserpegel sind gesunken und die Luft ist verschmutzt. Aber in den Städten spielt sich das Leben ab! Hier gibt es Fabriken, Banken, Geschäfte und damit auch die meisten Arbeitsplätze. Dass so viele Menschen vom Land in die Städte ziehen, bereitet viele Probleme – aber man kann sie lösen!

Wohnblock Cité du Lignon in Genf, Schweiz

Mittlerweile lebt schon jeder zweite Mensch in einer Stadt.

Großstädte

Wolkenkratzer im Stadtviertel Shinjuku in Tokio

Im Jahr 1950 hatte New York als einzige Stadt über zehn Millionen Einwohner. Eine so große Stadt bezeichnet man auch als Megastadt. Heute gibt es weltweit 19 solcher Riesenstädte, die meisten davon in Asien. Am größten ist Japans Hauptstadt Tokio mit 30 Millionen Einwohnern.

Wenn alle so verschwenderisch leben würden, bräuchten wir fast drei Planeten Erde, damit alle Menschen genug Platz hätten! Dass das nicht geht, ist eigentlich klar, oder?

Wie viel Platz brauchen wir?

Jeder von uns braucht nicht nur Platz in unserem Haus oder unserer Wohnung. Dazu kommt der Platz, der nötig ist, damit unsere Nahrungsmittel und alle anderen Dinge hergestellt werden können, die wir so besitzen. Nicht zu vergessen der Platz für den Müll, den wir produzieren. Alles in allem sollte jedem Menschen eine Fläche von fast zwei Hektar zur Verfügung stehen. Bei einem Europäer kommen im Durchschnitt fünf Hektar zusammen, bei einem Amerikaner ungefähr zwölf.

Die Versorgung einer Großstadt

Treibhäuser in der Nähe von Almería in Spanien

In einer Großstadt leben mehrere Millionen Menschen. Wie soll man die alle mit Lebensmitteln versorgen? Äcker und Wiesen liegen auf dem dünn besiedelten Land. Hier in Spanien wird auf endlosen Feldern unter Plastikdächern Obst und Gemüse angebaut.

Die Früchte wachsen sehr schnell, denn sie sind nicht in die Erde eingepflanzt, sondern stehen in einer nährstoffreichen Flüssigkeit. Tomaten, Gurken, Paprika und Erdbeeren werden an Supermärkte in ganz Europa geliefert. Auf diese Art gibt es genug Nahrung für die großen Städte. Der Preis, den wir dafür bezahlen, sind der künstliche Anbau und weite Transportwege.

Die Tomaten, die im Winter angeboten werden, kommen häufig aus riesigen Treibhäusern.

Weltweit lebten in einer Stadt ...

... im Jahr 1800: zwei Menschen von 100
... im Jahr 1950: jeder Dritte
... im Jahr 2007: jeder Zweite

Die Landflucht

Jede Woche wächst die Bevölkerung der Städte. Arme Familien ziehen vom Land in die Städte, um Geld zu verdienen. Oft können sie von dem kleinen Acker, den sie besitzen, nicht mehr leben, weil die Preise für Obst und Gemüse zu niedrig sind. Viele fliehen auch vor Veränderungen in ihrer Umwelt, etwa weil sich die Wüste ausbreitet. In der Mongolei trocknet die Steppe aus. Die Landbewohner flüchten an den Rand der Hauptstadt Ulan-Bator und bauen ihre Jurten auf, die runden Filzzelte.

Die Städte der armen Länder wachsen aber nicht nur wegen der Landflucht. Die Bewohner haben auch viele Kinder. Das Überleben in der Großstadt ist für so eine Großfamilie nicht leicht: Viele Menschen leben in Slums, Elendsvierteln, in denen es kein Trinkwasser und keine Kanalisation gibt. Bei so vielen Menschen ist es auch schwer, eine Arbeit zu finden. Trotzdem leben ungefähr eine Milliarde Menschen in den Slums dieser Welt.

Traditionelle Jurten in den Vororten der mongolischen Hauptstadt Ulan-Bator

Mehr als eine Million Menschen ziehen jede Woche vom Land in die Stadt.

Jeder siebte Mensch auf der Welt lebt in einem Slum

Die Armenviertel in der brasilianischen Großstadt Rio de Janeiro nennt man Favelas.

Slumbewohner leben in Hütten aus Blech oder Karton. Es gibt keine Kanalisation, kein Trinkwasser, keine Müllabfuhr und nur wenige Schulen.

Eine Milliarde Menschen wohnen in solchen Slums. Viele leiden an Hunger und Krankheiten. Sie haben auch schlechtere Aussicht, eine Arbeit zu finden, als die Menschen in den besseren Vierteln der Stadt. Daher gibt es in den Slums auch mehr Verbrechen als anderswo.

Geeta, das Straßenkind

In Bombay, einer Großstadt in Westindien, sind 100 000 Menschen obdachlos. Sie schlafen unter einer Pappe oder einem Stück Blech. Auch Geeta war eine von ihnen: Sie lebte mit ihren Eltern, ihren zwei kleinen Schwestern und ihrem Bruder auf der Straße. »Aber glaubt bloß nicht, meine Eltern hätten nicht gearbeitet. Meine Mutter war Haushaltshilfe, mein Vater Schülerlotse.« Geeta durfte nicht in die Schule gehen, weil sie keine Wohnung hatte.

Eines Tages trat ihre Mutter dem Verein Mahila Milan bei. Das ist Hindi und bedeutet »die Frauen gemeinsam«. Der Verein hilft Frauen, für ihre Rechte einzutreten. Heute arbeitet Geeta für Mahila Milan. Sie hat eine Wohnung mit fließendem Wasser und WC und hilft nun selbst obdachlosen Frauen.

In der Großstadt ist es auch für junge Leute schwer, eine Anstellung zu finden

Auf dem Markt von Las Purgas in der Dominikanischen Republik herrscht buntes Treiben.

In den armen Ländern erhalten Kinder oft keine ausreichende Schulbildung. Junge Leute ohne Ausbildung haben es aber besonders schwer, Arbeit zu finden. Sie sind dreimal so häufig arbeitslos wie ältere Menschen.

Auf dem Land gibt es nur wenige Arbeitsplätze. Deshalb versuchen viele junge Menschen ihr Glück in den Großstädten. Doch oft müssen sie als Tagelöhner ohne feste Anstellung arbeiten.

Fast die Hälfte aller Arbeitslosen weltweit sind junge Menschen.

Kleine, schlecht bezahlte Arbeiten sind das Los vieler junger Menschen.

Grüne Städte

Eine umweltfreundliche Umgebung

Stell dir eine Stadt vor, in der auf den Dächern Solarzellen angebracht sind: Die Häuser erzeugen ihren eigenen Strom. Sie sind gut isoliert und verschwenden kaum Energie. In so einer Stadt gibt es viele öffentliche Verkehrsmittel, und auch die Autos fahren mit Strom. Das ist die Stadt der Zukunft.

Für das moderne Leben in der Stadt gibt es schon heute viele gute Ideen. Auf der ganzen Welt findet man Beispiele für ein umweltfreundliches Leben in der Stadt. Man verbannt die Autos aus den Innenstädten, vergrößert die Parks, führt ein Wiederverwertungssystem ein und baut umweltfreundliche Gebäude. Das ist ein guter Anfang. Wir müssen daran arbeiten, dass sich diese Ideen ausbreiten und in allen Städten umgesetzt werden.

Im Stadtviertel Vauban in Freiburg haben viele Häuser Solaranlagen.

Seit etwa zehn Jahren breiten sich die Öko-städte weltweit aus.

Die gesamte Energie kommt aus erneuerbaren Quellen

Dieses ungewöhnliche Haus in einem Wohnviertel von Malmö in Schweden heißt »Tango«.

Dieses Viertel in der schwedischen Stadt Malmö war früher ein Industriegebiet. Als alle Fabriken zugemacht hatten, beschloss man, das Gelände in ein umweltfreundliches Stadtviertel umzuwandeln.

In diesem Ökoviertel gibt es Wohnhäuser, Geschäfte und Unternehmen. Einige Häuser sind für Menschen unter 25 Jahren, andere für Menschen über 55 entworfen. Jedes Gebäude ist umweltfreundlich und naturnah. Die Energie in diesem Viertel wird durch Sonne und Wind gewonnen, aus Erdwärme und Müllverbrennung. Wenn zu viel Strom erzeugt wird, wird er an andere Stadtteile weitergegeben!

Auch in London gibt es ein Ökoviertel: Bedzed. Hier wurden die Heizkosten um 90 Prozent gesenkt, der Energieverbrauch insgesamt um 70 Prozent und die Menge des Abfalls um 75 Prozent!

Das Ökoviertel in Freiburg

Das umweltfreundliche Wohnviertel Vauban in Freiburg im Breisgau

Jedes Jahr kommen bis zu 10 000 Besucher in das Viertel und informieren sich über umweltfreundlichen Städtebau.

Mit den begrünten Dächern, den Solarzellen und den autofreien Bereichen ist das »Quartier Vauban« in Freiburg besonders umweltfreundlich.

Wärme und Strom werden zu einem großen Teil durch Sonnenkraft gewonnen, und die meist mehrstöckigen Häuser sind gut isoliert. Die Bürger haben sich selbst dafür starkgemacht, dass das Viertel umweltfreundlicher wurde. Bei Baumaßnahmen wurden alte Bäume stehen gelassen und die Grünflächen vergrößert. Es gibt sogar einen Holzbackofen, in dem alle Bewohner Brot backen können!

Eine Ökostadt mitten in der Wüste

Das Emirat Abu Dhabi lebt hauptsächlich vom Verkauf seines Erdöls an andere Länder. Jetzt entwirft Abu Dhabi gemeinsam mit der Umweltschutzorganisation WWF eine umweltfreundliche Modellstadt. Die Stadt wird den Namen Masdar tragen, das heißt Quelle. Im Jahr 2015 sollen schon 50 000 Menschen dort leben. Die Stadt wird die Tier- und Pflanzenwelt der Umgebung schützen und nur Rohstoffe verbrauchen, die auch in der Gegend vorkommen. Masdar wäre die weltweit erste Stadt, die weder Kohlendioxid noch Müll produziert und in der es keine Autos gibt!

Teil 6

Die Menschen

Wie viele Menschen leben heute auf der Erde?

Vor 2000 Jahren lebten ungefähr 250 Millionen Menschen auf der Erde. Heute hat allein Indonesien so viele Einwohner (230 Millionen). Die Zahl der Menschen steigt schnell an: Heute sind wir über sechs Milliarden, und bis zum Jahr 2050 wird diese Zahl um weitere drei Milliarden steigen!

Nicht allen Menschen geht es gleich gut. Zwischen Armen und Reichen gibt es große Unterschiede. In den Entwicklungsländern leben viele sehr junge und sehr arme Menschen, in den Industrieländern dagegen mehr ältere und reiche. Damit wir in Zukunft auf der Erde friedlich zusammenleben können, müssen wir uns überlegen, wie viele Rohstoffe und Nahrungsmittel jeder Mensch zur Verfügung haben sollte. Wir müssen die Dinge, die wir täglich brauchen, umweltschonend herstellen. Und wir müssen Ungerechtigkeiten abschaffen. Alle Menschen sollten genügend Wasser, Nahrung und Rohstoffe zur Verfügung haben. Die Kinder auf unserer Erde brauchen Bildung. Nur so kann auf der Welt auf Dauer Frieden herrschen.

Tausende von Menschen feiern das Musikfestival »Love Parade« in Berlin.

2007 lebten 6,6 Milliarden Menschen auf der Erde. 2050 werden es 9 Milliarden sein.

Die Weltbevölkerung ist jung

Auf diesem Spielplatz im Emirat Katar hinterlassen die Kinder mit ihren Turnschuhen Muster aus Gummi.

Jeder zweite Mensch auf der Welt ist jünger als 25 Jahre. Kindheit und Jugend verlaufen aber nicht in allen Ländern gleich.

In den armen Ländern haben die Menschen weniger Nahrung, weniger Wasser, Medikamente und Strom. Viele Kinder können nicht zur Schule gehen. Ungelernte junge Leute ziehen vom Land in die Stadt und hoffen, dort Arbeit zu finden. Manche versuchen ihr Glück in reicheren Ländern.

Wenn die Welt ein Dorf mit 100 Einwohnern wäre, dann …

… lebten 60 davon in Asien,
14 in Afrika,
11 in Europa,
9 in Südamerika,
5 in Nordamerika
und einer in Ozeanien.

Neun von zehn Kindern auf der Welt leben in Entwicklungsländern. Die meisten von ihnen leiden unter großer Armut.

Reiche Kinder, arme Kinder

Ein Schulhof in Clichy-sous-Bois in Frankreich

Diese Kinder sind in Europa geboren. Sie können einmal 80 Jahre alt werden. Sie gehen zur Schule, und ihre Eltern müssen nichts dafür bezahlen. Wenn sie krank sind, gehen sie zum Arzt. In der Freizeit können sie Büchereien und Museen besuchen.

In den Entwicklungsländern sieht das Leben der Kinder anders aus. Wer zum Beispiel im afrikanischen Swasiland geboren ist, wird wohl nur 45 oder 50 Jahre alt. Hier arbeiten oft schon die Kinder. Sie spielen nicht und gehen nicht zur Schule.

Große Unterschiede zwischen Reich und Arm

Ein geringer Teil der Menschen auf der Welt (15 Prozent) besitzt einen Großteil (80 Prozent) des gesamten Vermögens. Die Welt wird immer reicher, doch gleichzeitig wachsen die Unterschiede zwischen Reich und Arm. Weil der Reichtum so ungerecht verteilt ist, gibt es Streit und Krieg zwischen den Menschen.

Die Frauen: fleißig und unterbezahlt

Wir können nur langfristig in Frieden und Gesundheit leben, wenn alle Menschen die gleichen Rechte haben. In den reichen Ländern haben Frauen oft eine hervorragende Ausbildung und sind nach dem Gesetz mit den Männern gleichgestellt. Trotzdem verdienen sie oft weniger Geld und bekommen die schlechteren Arbeitsplätze. In den armen Ländern können Frauen nicht lesen, weil die Mädchen nicht zur Schule gehen dürfen. Dabei spielen sie eine wichtige Rolle: Sie bringen die Kinder zur Welt, kümmern sich um das Essen, das Wasser, die Gesundheit und den Schulbesuch der Kinder. Heute wissen wir, dass ärmere Länder bessere Aussichten auf Wohlstand haben, wenn die Frauen dort die gleichen Rechte und die gleiche Bildung haben wie die Männer.

Im indischen Jaipur, der größten Stadt Rajasthans trocknen Baumwollstoffe in der Sonne.

Frauen leisten zwei Drittel der Arbeit weltweit. Sie erhalten aber nur ein Zehntel des Einkommens.

Viele Millionen junge Frauen werden verheiratet, ehe sie 18 Jahre alt sind

Auf diesem Feld in Burkina Faso wird Baumwolle geerntet.

Die Familien verheiraten ihre Töchter so früh, damit sie versorgt sind. Die Mädchen sind manchmal erst zehn Jahre alt.

Mit der Hochzeit verändert sich das Leben des Mädchens grundlegend. Es kann nicht mehr zur Schule gehen und bekommt schon früh Kinder. Zum Glück gehen immer mehr Mädchen auf der Welt zur Schule. Wenn ein Mädchen Aussicht auf einen Beruf und ein eigenes Einkommen hat, müssen die Eltern es nicht mehr zur Heirat zwingen.

Frauen ohne Besitz

In vielen Ländern gilt noch immer, dass der Mann alles besitzt und das gesamte Vermögen erbt. Vor allem in Afrika südlich der Wüste Sahara haben Frauen keinen Besitz. Wenn ihr Mann stirbt oder sich scheiden lässt, verlieren sie Haus, Acker, Vieh und alles, was sie hatten. Die Männer haben auf der ganzen Welt lange Zeit über die Frauen bestimmt.

Wenn Frauen zur Schule gehen dürfen und gleiche Rechte haben, können sie ihrer Familie aus der Armut helfen.

In den Industrieländern verdienen Frauen bis zu einem Fünftel weniger Geld als die Männer

Terrassendach des Tagungszentrums in Monte Carlo, Monaco

Dieser Mann und diese Frau sind im gleichen europäischen Land geboren. Sie sind gleich alt, haben die gleiche Schulbildung und die gleichen Rechte. Trotzdem hat er einen besseren Arbeitsplatz als sie. Wenn sie die gleiche Arbeit verrichten, verdient er mehr als sie. Es gibt in Europa mehr arme Frauen als arme Männer. Vor allem die Frauen sind davon betroffen, die sich allein um ihre Kinder kümmern.

Der Lohnunterschied zwischen Männern und Frauen in Prozent

Weltweit …

… sind 600 Millionen Frauen, aber nur 320 Millionen Männer Analphabeten.

… besuchen 56 bis 60 Millionen Mädchen, aber nur 48 bis 54 Millionen Jungen keine Schule.

Zum Glück wird von Jahr zu Jahr der Abstand kleiner.

Die Religionen

Auf der Welt gibt es viele Glaubensrichtungen und Religionen. Manche verschwinden, andere entstehen neu. Man unterscheidet zwischen vier Arten von Religionen: Die monotheistischen Religionen kennen nur einen Gott. Dazu gehören das Judentum, das Christentum und der Islam. Diese drei großen Religionen sind im Mittelmeerraum entstanden. Es gibt auch polytheistische Religionen, die viele Götter haben, etwa den Hinduismus in Indien. Die philosophischen Religionen aus Asien, also der Buddhismus, der Taoismus und der Konfuzianismus, sind eher Geisteshaltungen, denn sie kennen keinen Gott. Animistische Religionen nennt man solche, die in jedem Ding auf der Welt eine Seele sehen. Solche Religionen kommen aus Japan, Afrika, Asien und Südamerika.

Oft gehen die Menschen davon aus, dass nur ihre Religion gut und richtig ist und alle Menschen sie übernehmen sollten. Das hat auf der Welt schon viele Kriege ausgelöst. Immer wieder wollte eine Gruppe die andere zwingen, ihren Glauben zu übernehmen. Wenn wir friedlich zusammenleben wollen, müssen wir die anderen mit ihrer jeweils anderen Religion achten.

Die berühmte Kultstätte Stonehenge bei Wiltshire in England

Über 85 Prozent der Menschen gehören einer Religion an.

Judentum, Christentum und Islam

Blick auf den Felsendom und die Klagemauer in Jerusalem, Israel

Diese drei Religionen haben einen einzigen gemeinsamen Gott. Bei den Juden und Christen heißt er Jahwe oder Gott, bei den Muslimen Allah.

Das Judentum ist schon 4000 Jahre alt und damit die älteste der drei Religionen. Die heilige Schrift der Juden heißt Thora. Die Juden warten auf den Erlöser. Weltweit gehören 13,5 Millionen Menschen dem Judentum an.

Für die Christen ist der Messias schon vor 2000 Jahren auf der Erde gewesen: Jesus Christus. Seine Lehre ist im Evangelium des Neuen Testaments niedergeschrieben. Die Gläubigen sollen das Evangelium verbreiten. Heute gibt es auf der Welt 2,1 Milliarden katholische, protestantische und orthodoxe Christen.

Der Islam wurde vom Propheten Mohammed gegründet. Mohammed wurde im Jahr 570 in Mekka geboren. Er nahm die Botschaft Allahs entgegen und schrieb sie im heiligen Buch der Muslime auf, dem Koran. Jeder Muslim sollte sich an die fünf Säulen des Islam halten: Er muss seinen Glauben ausüben, fünfmal am Tag beten, einmal im Jahr fasten, den Armen helfen und einmal im Leben nach Mekka pilgern. Weltweit gibt es 1,3 Milliarden Muslime.

Der Hinduismus

In der heiligen Stadt Varanasi in der indischen Provinz Uttar Pradesh nehmen die Gläubigen ein rituelles Bad im Ganges.

Der Hinduismus entstand vor fast 5000 Jahren in Indien.

Die Hindus glauben an einen Gott, der sich in Gestalt Hunderter anderer Götter zeigt. Die wichtigsten sind Brahma, Ganesha und Vishnu. Die religiösen Schriften der Hindus heißen Veden und sind wohl die ältesten Glaubenstexte der Welt. Hindus glauben an die Wiedergeburt. Das heißt, dass der Mensch nach seinem Tod in einem anderen Körper wieder auf die Welt kommt.

Der Hinduismus ist mit 900 Millionen Anhängern die drittgrößte Religion der Welt.

Mehr als drei Viertel aller Inder sind Hindus.

Der Buddhismus

Ein buddhistisches Denkmal, Stupa genannt, in Bodnath im Nordosten von Katmandu in Nepal

Auch der Buddhismus entstand in Indien. Prinz Siddharta Gautama, der später unter dem Namen Buddha bekannt wurde, lebte vor 2500 Jahren.

Die Buddhisten glauben nicht an einen Gott, sondern an eine bestimmte Lebensweise und Geisteshaltung. Der Mensch soll in Harmonie mit der Natur leben. Auch die Buddhisten glauben an eine Folge von Wiedergeburten. Höchstes Ziel des Buddhismus ist es, diesem Kreislauf zu entkommen und ins Nirwana einzugehen.

Weltweit gibt es 350 bis 500 Millionen Buddhisten.

Die drei Hauptrichtungen des Buddhismus sind Hinayana, Mahayana und die tibetische Ausrichtung Vajrayana, an deren Spitze der Dalai-Lama steht.

In den buddhistischen Tempeln können auch Kinder, die arm sind oder keine Eltern haben, Mönche werden.

Der Animismus

Das Shinto-Heiligtum Meji-Jingu in Tokio, Japan

Die Animisten glauben, dass jedes Lebewesen und jedes Ding eine Seele oder einen Geist hat. Die Menschen müssen versuchen, im Einklang mit diesen Geistern zu leben. Die animistischen Religionen sind uralte Naturreligionen. Es gibt sie noch in Afrika und Südamerika. Aber auch viele Japaner verehren die Natur und sind Anhänger des Shinto.

Bei den Animisten werden kranke Menschen von einem Schamanen geheilt.

In manchen Kulturen Asiens und Afrikas gibt es Schamanen. Man glaubt, dass sie mit den Geistern sprechen können.

Krieg und Bürgerkrieg

In vielen Teilen der Welt wird Krieg geführt. Die Menschen kämpfen oft um Wasser, Land, Öl oder andere Bodenschätze. Viele Konflikte entstehen auch, weil der Gegensatz zwischen Arm und Reich zu groß ist. Die meisten Kriege sind Bürgerkriege, das heißt, sie finden innerhalb eines Landes statt. Der Großteil der Opfer besteht aus Zivilisten, also aus Bürgern, die nicht zur Armee gehören – Männer, Frauen und Kinder.

Jedes Jahr fliehen zwischen 20 und 40 Millionen Menschen aus ihrer Heimat, manche sogar in ein anderes Land. Hier im afrikanischen Land Tschad tobte ein Bürgerkrieg. Dazu kamen Flüchtlinge aus dem Nachbarland Sudan. Viele Hunderttausend Menschen leben nun in Flüchtlingslagern mitten in der Wüste, über die Hälfte von ihnen sind Kinder und Jugendliche.

Flüchtlingslager an der sudanesischen Grenze im Tschad, Afrika

Jedes Jahr fliehen 20 bis 40 Millionen Menschen wegen eines Krieges oder Bürgerkrieges aus ihrer Heimat.

Die Europäische Union oder: Was Europa aus dem Krieg gelernt hat

Das verwüstete Oradour-sur-Glane im französischen Limousin

Jahrhundertelang tobten immer wieder Kriege zwischen den Ländern Europas.

Einer der größten war der Zweite Weltkrieg von 1939 bis 1945. Neben Deutschland, Italien, Frankreich und Großbritannien waren auch die Sowjetunion, die USA, Japan, China und einige afrikanische Länder in den Krieg verwickelt, der mit dem Überfall Deutschlands auf Polen begann. In diesem Krieg starben über 50 Millionen Menschen, 30 Millionen davon in Europa.

Gemeinsam für den Frieden

Nur fünf Jahre nach dem Ende des Zweiten Weltkriegs, im Jahr 1950, beschlossen einige europäische Länder, Kohle und Stahl gemeinsam zu nutzen. Diese Länder waren Deutschland, Belgien, Frankreich, Italien, Luxemburg und die Niederlande. So entstand ein Bund von Staaten, aus dem sich später die Europäische Union entwickelte.

Wichtigstes Ziel der EU war und ist der Frieden zwischen den Mitgliedsstaaten.

Für Waffen wird viel Geld ausgegeben

B-52-Flugzeuge auf dem Luftstützpunkt Davis Monthan in Tuscon, Arizona, USA

Im Jahr 2006 wurden weltweit 1200 Milliarden Dollar für das Militär ausgegeben. In die Entwicklungshilfe, also den Aufbau armer Länder, flossen nur 107 Milliarden Dollar.

Die Regierungen geben zehnmal mehr Geld für ihr Militär aus als für die Entwicklungshilfe.

Dabei sind Armut, Wasser- und Landmangel und der Kampf um Rohstoffe oft Anlass für einen Krieg. Wenn ein Land Krieg führt, kauft es Waffen und bildet Soldaten aus. D e Regierung denkt dann nicht an Schulen oder daran, die Bauern zu schützen, damit alle genug zu essen haben. Durch Kriege werden arme Länder noch ärmer.

Kindersoldaten

Weltweit gibt es 250 000 Kindersoldaten. Sie werden aus ihren Familien entführt und gezwungen, zu kämpfen. Manche von ihnen sind nicht einmal zehn Jahre alt.

Die UNICEF (das Kinderhilfswerk der Vereinten Nationen) versucht, diesen Kindern zu helfen. Die Kinder werden aus der Armee geholt, medizinisch versorgt und betreut. Manche finden sogar zurück zu ihren Familien. Sie können wieder in die Schule gehen und einen Beruf erlernen.

Seit 2001 wurden jedes Jahr mehr als 15 000 Kindersoldaten von der UNICEF gerettet.

Arbeit und Bezahlung

Hier wird an der Küste Salz gewonnen, indem man das Meerwasser in der Sonne verdunsten lässt. Salz wird auch in Bergwerken abgebaut. Vor ein paar Jahrhunderten war Salz ein wertvolles Gut, das über weite Strecken transportiert wurde. Salz ist lebenswichtig, und man kann damit Nahrungsmittel haltbar machen. Früher konnte man in China sogar mit Salz bezahlen!

Heute kostet Salz nur noch wenig Geld. Die Salzarbeiter gehören deshalb zu den Ärmsten der Armen. Das Problem betrifft nicht nur Salz. Viele Dinge sind heute sehr billig zu bekommen: Kleidung, Spielzeug, Maschinen, Lebensmittel. Sie werden in armen Ländern hergestellt und in reichen Ländern verkauft. Deshalb können viele Menschen nicht von ihrer Arbeit leben. Auch vielen Arbeitern in den reichen Ländern, in denen alles teurer ist, reicht der Lohn nicht mehr zum Leben.

In den Salinen bei Punta Vigia in der Dominikanischen Republik wird Salz getrocknet.

2,8 Milliarden Menschen haben Arbeit. Zwei Milliarden verdienen am Tag weniger als 1,50 Euro.

Kinder und Arbeit

Bei Agra in Indien werden Ziegel von Hand hergestellt.

Nicht überall gehen Kinder zur Schule und machen anschließend eine Ausbildung.

Viele Kinder helfen ihren Eltern auf dem Feld oder im Geschäft. Viele müssen aber schlimmere Arbeit tun, werden ausgenutzt und gezwungen, in Fabriken, auf Baustellen oder in Minen zu arbeiten. Kinderhilfsorganisationen wie UNICEF helfen diesen Kindern. Sie wollen dafür sorgen, dass alle Kinder bei ihren Eltern leben und zur Schule gehen können.

Hilfe von jungen Leuten für junge Leute

Arbeitslos sind vor allem die jungen Menschen und ganz besonders die Bewohner der Slums. Sie arbeiten oft nur als Tagelöhner und finden schwer feste Arbeit.

In den Slums von Brasilien hatten einige junge Leute die Idee, aus alten Gegenständen neue zu machen. Sie zeigten den Jugendlichen, wie man aus alten Plastikflaschen und anderem Müll zum Beispiel schöne, umweltfreundliche Möbel macht. Mittlerweile gibt es solche Projekte in ganz Brasilien.

Fairer Handel

Felder bei Quito in Ecuador

In den 20 reichsten Ländern ist das durchschnittliche Einkommen 37 Mal so hoch wie in den 20 ärmsten.

Das führt dazu, dass die Menschen um Geld und Besitz kämpfen. Doch jeder von uns kann etwas tun, damit die Unterschiede kleiner werden: Wenn wir Lebensmittel und andere Waren aus fairem Handel kaufen, helfen wir den Menschen in den armen Ländern. Fairer Handel heißt, dass die Bauern und Arbeiter ausreichend bezahlt werden für die Waren, die in den reichen Ländern verkauft werden.

artisanat sel

MAX HAVELAAR

TERRE SOLIDAIRE CCFD

Der faire Handel verhilft 1,4 Millionen Menschen und ihren Familien in ärmeren Ländern zu einem guten Einkommen.

Armut in reichen Ländern

Auch in den reichen Ländern gibt es arme Menschen. Sie besitzen keine Wohnung und kein Geld für Medikamente oder Essen. In den USA zum Beispiel haben 45 Millionen Menschen keine Krankenversicherung. In Europa gibt es viele Menschen, die arbeiten und sich trotzdem keine Wohnung leisten können. Auch in reichen Ländern sind die Armen häufiger krank.

Alle Bürger können etwas tun

Viele Bürger arbeiten in Gruppen mit, die das Leben für alle besser machen. Das können kleine Gruppen sein, die ihr Wohnviertel verschönern wollen, oder auch Sportvereine oder große Bündnisse wie internationale Umweltschutzgruppen mit Mitgliedern in vielen Ländern. Die Organisation »Piloten ohne Grenzen« beispielsweise fliegt Medikamente in abgelegene Gebiete der Welt oder bringt Kranke in Kliniken.

Diese nichtstaatlichen Organisationen werden immer wichtiger. Sie bringen Regierungen und große Unternehmen dazu, sich um Umweltschutz und Gerechtigkeit zu kümmern. Wenn wir in solchen Gruppen mitarbeiten, können wir anderen Menschen helfen oder etwas für die Umwelt tun.

Dieses Flugzeug bringt medizinische Hilfe nach Casamance im Senegal.

Es gibt 37 000 nichtstaatliche Organisationen. Sie setzen sich weltweit für Mensch und Natur ein.

Umweltschutzorganisationen

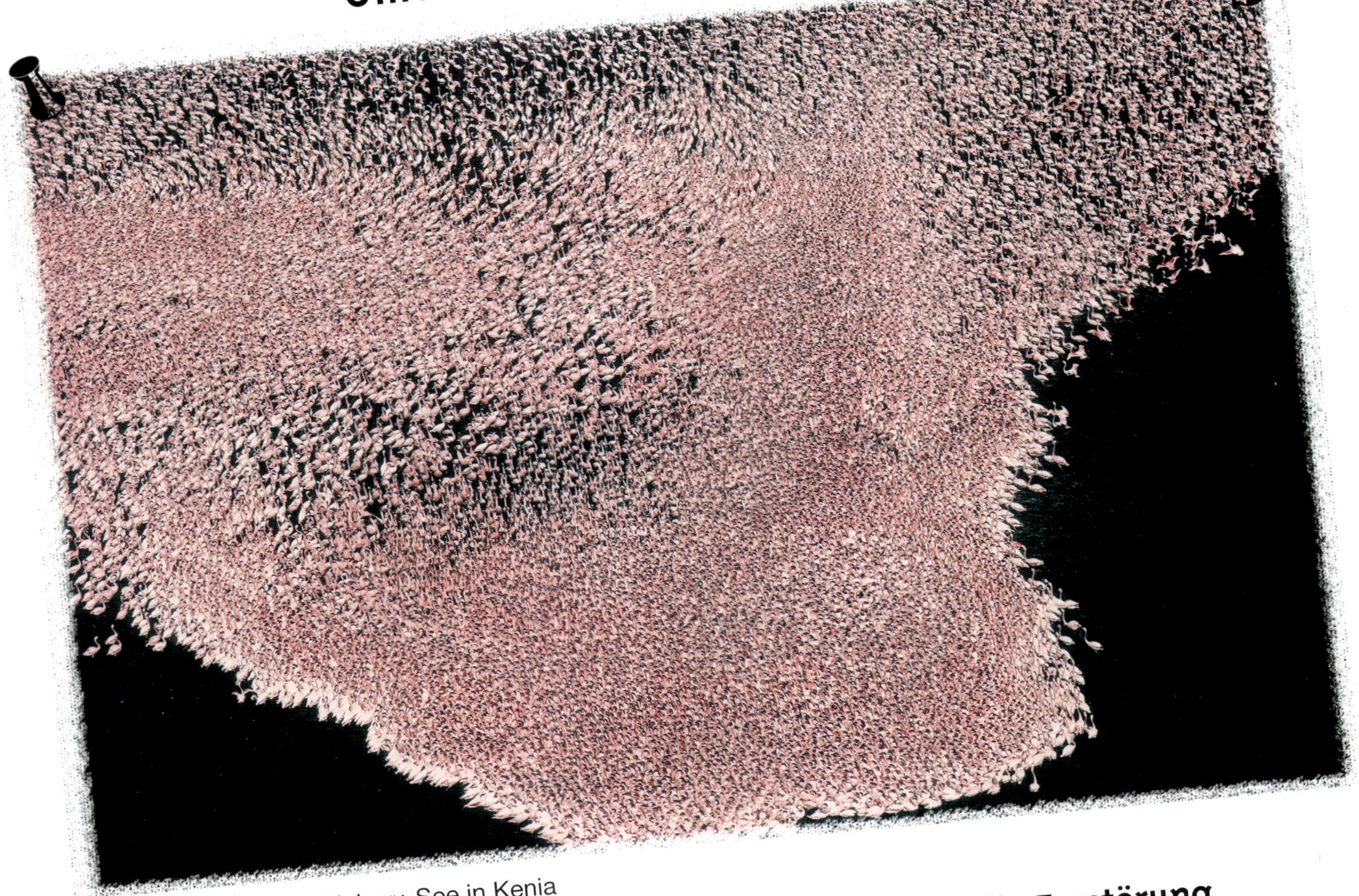

Flamingos auf dem Nakuru-See in Kenia

Es ist gar nicht so leicht, die Umwelt zu schützen und die Zerstörung der Natur zu verhindern.

Man muss mit den Regierungen reden, die Einwohner eines Gebietes vom Umweltschutz überzeugen und große Unternehmen davon abhalten, etwas Umweltschädliches zu tun. Am besten können sehr große Gruppen diese Aufgaben schaffen. Wer in einer Umweltschutzorganisation mitarbeitet, hilft nicht nur der Natur, sondern auch allen Menschen.

Wusstest du schon …

… dass die neun größten Umweltschutzorganisationen in Europa (dazu gehören beispielsweise der WWF, Greenpeace, Birdlife) insgesamt 20 Millionen Mitglieder haben?

Das sogenannte Waisenhaus von Nairobi kümmert sich um junge Elefanten, deren Mütter getötet wurden.

Hilfe für Mitmenschen

Mehrere Hundert Menschen in roten T-Shirts erinnern bei dieser Aktion in Frankreich an die Aidskranken auf der Welt.

Wie können wir den Menschen helfen, die auf der anderen Seite des Erdballs leben, ohne dorthin reisen zu müssen?

HIV und Aids

Erst im Jahr 1981 wurde Aids als eigene Krankheit erkannt. Seither sind auf der Welt über 28 Millionen Menschen daran gestorben. Aids raubt dem Körper seine Abwehr gegen Krankheiten. Wenn es nicht behandelt wird, stirbt ein Aidsinfizierter nach wenigen Jahren. Viele Kinder werden schon im Mutterleib angesteckt, wenn die Mutter Aids hat. Mittlerweile gibt es Medikamente, die Aidskranke vor dem sicheren Tod bewahren können.

Die Menschen hier auf dem Bild haben an einer großen Aktion teilgenommen. Fast 6000 Männer, Frauen und Kinder haben sich im Jahr 2004 in Le Mans versammelt, um sich in der Form eines großen Herzens aufzustellen. Das Motiv wurde als Postkarte verkauft, und die Einnahmen wurden gespendet. Der Erlös ging an die Hilfsorganisation Kénédougou Solidarité in Mali, die Menschen betreut, die an Aids erkrankt sind.

Nahrung

Teil 7

Landwirtschaft rund um den Erdball

Auf diesem Bild ernten die Bauern mit der Hand. Noch heute wird der Großteil der Feldarbeit rund um den Erdball von Hand erledigt. Nur zwei von zehn Bauern haben ein Zugtier für den Pflug. Und noch viel weniger können einen Traktor zu Hilfe nehmen – zwei von 100. Mit einem Schlepper kann ein Landwirt 200 Hektar bestellen. Ohne Traktor bräuchte er dafür viele Arbeitskräfte.

In den armen Ländern haben die Bauern oft keinen Dünger und keine Pflanzenschutzmittel. Sie ernten deshalb weniger und können nicht mit den Erträgen der reichen Länder mithalten. Die meisten Landwirte auf der Welt sind Kleinbauern. Sie ernähren mit ihrem Hof ihre Familie und haben nur wenig Überschuss, den sie verkaufen können.

Feld im Norden der Insel Phuket in Thailand

Die Landwirtschaft ist der älteste Berufszweig der Welt. Die Hälfte aller Männer und Frauen lebt davon.

Nur zwei von 100 Landwirten auf der Welt erzielen Gewinn

Ernte in der Ebene von Beauce, Frankreich

Die Bauern haben Hecken entfernt und die Felder vergrößert, damit die Schlepper und Erntemaschinen Platz haben.

So können sie in wenigen Tagen die Ernte einfahren. Hier ist eines der größten Anbaugebiete Europas zu sehen: die Region Beauce in Frankreich. Auf dem Bild könnten aber genauso gut Getreidefelder in Russland, in den USA, in Australien oder Kanada gezeigt werden. Oder Felder in Südamerika, für die Regenwald abgeholzt wurde.

Dank seiner Maschinen und der Dünge- und Pflanzenschutzmittel muss dieser Bauer für ein Kilogramm Weizen 2000 Mal weniger arbeiten als ein Kleinbauer, der mit der Hand sät und erntet!

So gibt es eine gute Ernte

Auf so einem Feld sind alle Pflanzen gleich hoch, und es wachsen auch keine Kräuter und Wildblumen zwischen den Getreidehalmen. Die Pflanzen werden danach ausgewählt, wie viel Ertrag sie bringen. Außerdem hat der Landwirt Pflanzenschutzmittel und Dünger eingesetzt. So werden Wildpflanzen und Schädlinge vernichtet, und das Getreide wächst schneller.

Die meisten Landwirte auf der Welt bestellen ihre Felder von Hand

Bauern beim Buyo-Staudamm, Elfenbeinküste

Die Kleinbauern können mit der Landwirtschaft in den reicheren Ländern nicht mithalten.

Sie haben nur ihre Hände, und ihre Felder sind klein. Daher können sie nicht so viel ernten wie Großbauern mit Maschinen. Die Kleinbauern werden von Jahr zu Jahr ärmer und können irgendwann ihre Familien nicht mehr ernähren. Für diese Bauern wurde der faire Handel entwickelt.

850 Millionen Menschen auf der Welt leiden Hunger. Zwei Drittel davon sind Bauernfamilien.

Bei der Feldarbeit hilft oft die ganze Familie.

Die Zukunft der Landwirtschaft

Wenn ein Landwirt viel erntet, haben die Menschen in der Umgebung mehr zu essen. Sie bekommen dann auch mehr Kinder. So hat sich die Bevölkerungszahl in den letzten 50 Jahren weltweit verdoppelt.

Höhere Erträge verdanken die Landwirte vor allem der modernen Chemie. Düngemittel lassen die Pflanzen schneller und größer wachsen. Mit Pflanzenschutzmitteln sind sie vor Schädlingen geschützt. Die Felder trocknen auch nicht mehr so oft aus, weil sie künstlich bewässert werden. Trotzdem wissen wir, dass die Böden auf der ganzen Welt nicht mehr so fruchtbar sind wie früher. Vielerorts gelangt durch die Bewässerung zu viel Salz in den Boden, und er wird unfruchtbar, wie auf diesem Bild zu sehen. Doch die Weltbevölkerung wird in den nächsten 40 Jahren noch um drei Milliarden Menschen wachsen. Wir brauchen die Landwirtschaft dringend. Was ist also zu tun?

Die Oase von Tuggurt in Algerien ist ausgetrocknet, weil sie mit Salzwasser bewässert wurde.

Fast ein Drittel aller Felder wurden in den letzten 40 Jahren aufgegeben.

Pflanzenschutzmittel können für Menschen tödlich sein

Um Schädlinge abzutöten, werden diese Karottenpflanzungen auf der südkoreanischen Insel Jeju-do gespritzt.

Von den Feldfrüchten ernähren sich nicht nur die Menschen, auch Insekten oder Pilze mögen sie.

Seit der Mensch seine Nahrung auf Feldern anbaut, versucht er, diese Schädlinge fernzuhalten. Vor 70 Jahren begann die chemische Industrie, Pflanzenschutzmittel zu entwickeln. Sogenannte Pestizide töten die Schädlinge. Heute weiß man, dass sie auch schlimme Folgen für Mensch und Umwelt haben. In vielen Ländern setzen die Landwirte deshalb weniger Pflanzenschutzmittel ein als früher.

Die GVOs

GVO steht für »gentechnisch veränderter Organismus«. Das ist ein Lebewesen, dessen Erbmaterial so verändert wurde, dass es bestimmte neue Eigenschaften hat. Genetisch veränderter Mais zum Beispiel verträgt Pflanzenschutzmittel besser und wächst schneller. Man weiß aber noch nicht genau, welche Folgen es für Menschen und Tiere hat, wenn sie solche Pflanzen essen. Umweltschützer, Biobauern und viele Kleinbauern sind deshalb gegen solche GVOs.

Formen der Landwirtschaft

Felder in der Nähe der Stadt Pullman im Bundesstaat Washington, USA

Wenn auf einer großen Fläche jedes Jahr die gleiche Pflanzenart angebaut wird, bezeichnet man das als Monokultur.

Schädlinge freuen sich über Monokulturen, weil sie sich auf ihre Nahrung einstellen können und unendlich viel davon zur Verfügung haben. Auf einer solchen Fläche gibt es auch keine Hecken und daher keine Vögel, die den Schädlingen gefährlich werden könnten. Deshalb muss der Landwirt noch mehr Pestizide einsetzen. Monokulturen sind auch schädlich für den Boden, weil ihm immer die gleichen Nährstoffe entzogen werden. Deshalb muss der Landwirt mehr düngen. Die Düngemittel können über das Grundwasser und die Flüsse ins Meer gelangen, wo sie das Algenwachstum beschleunigen.

Bio-Landwirtschaft

Wenn man eine umweltfreundliche Landwirtschaft betreiben will, muss man unterschiedliche Pflanzen anbauen, also bestimmte Fruchtfolgen beachten. So wird der Boden wiederbelebt und erhält seine Nährstoffe zurück. Pflanzen, die viele Nährstoffe erhalten, sind nicht so empfindlich gegen Schädlinge, und die Ernte fällt großzügig aus. Das ist wichtig, denn bald müssen neun Milliarden Menschen ernährt werden!

Fleisch statt Getreide

In den letzten 50 Jahren hat sich die Fleischmenge, die weltweit verspeist wird, verfünffacht – und das, obwohl sich die Bevölkerung nur verdoppelt hat! Fleisch wird überwiegend von den Bewohnern der reichen Länder gegessen und von den reichen Leuten in den ärmeren Ländern. Zu viel Fleischkonsum belastet auch die Umwelt: Bei der Aufzucht entstehen Treibhausgase, die für den Klimawandel verantwortlich sind. Die großen Zuchtbetriebe verbrauchen viel Getreide, das den Menschen in den ärmeren Ländern fehlt. Fast die Hälfte des Getreides wird weltweit an Vieh verfüttert. Wer zu viel Fleisch isst, bekommt auch leichter Krankheiten, zum Beispiel bestimmte Arten von Krebs, Fettleibigkeit und Herzerkrankungen. Wenn wir der Umwelt helfen und gesund bleiben wollen, sollten wir weniger Fleisch essen.

Rinderzucht bei Bakersfield in Kalifornien, USA

Zur Herstellung von einem Kilogramm Getreide braucht man 1000 Liter Wasser, für ein Kilogramm Rindfleisch 15 000 Liter!

Getreide für Nutztiere

Weizenanbau bei Mandi im Tschad

Fast die Hälfte des Getreides auf der Welt wird für die Viehzucht verwendet. Zugleich müssen 850 Millionen Menschen hungern.

Getreide braucht guten Boden zum Wachsen. Es diente dem Menschen schon immer als Grundnahrungsmittel. Die weniger fruchtbaren Böden waren dem Vieh vorbehalten, das sich auch von Gras ernähren kann. Heute wird aber so viel Fleisch gegessen, dass die Tiere schneller wachsen müssen. Deshalb werden sie mit Getreide gefüttert statt mit Gras.

Unsere fruchtbarsten Böden werden also nicht mehr für den Menschen, sondern für Tiere bewirtschaftet!

Jeden Monat stirbt eine Nutztierart aus

Die Viehzüchter wollen ihren Ertrag immer weiter steigern. Deshalb konzentrieren sie sich auf Rassen, die besonders schnell wachsen und viel Fleisch bringen. Die alten regionalen Rassen werden nach und nach verdrängt. Aber diese Tierrassen sind widerstandsfähig und kommen auch mit schwierigen Verhältnissen zurecht. Deshalb werden sie von vielen Bauern wieder gezüchtet.

Soja statt Regenwald

Große Teile des Amazonasurwaldes werden abgeholzt, wie hier im Bundesstaat Mato Grosso in Brasilien.

Das Vieh wird auch mit Soja gefüttert. Um Sojaplantagen anzulegen, werden Regenwälder abgeholzt.

In großen Zuchtbetrieben werden Hühner, Kühe und Schweine mit Soja gefüttert. Es enthält viel Eiweiß und ist deswegen eine gute Ergänzung zum Getreidefutter. Länder wie Brasilien und Argentinien verkaufen Soja an Mastbetriebe in aller Welt. Dafür roden sie Regenwald und bauen an seiner Stelle Soja an. Wenn wir weniger Fleisch essen, schützen wir also auch den Regenwald!

Unser Fleischkonsum in Zahlen:

Auf der Welt leben eine bis eineinhalb Milliarden Rinder. Zusammen wiegen sie mehr als alle Menschen!
Jedes Jahr werden 45 Millionen Hühner gemästet und verzehrt. Das ist aber noch gar nichts gegen die Menge an Schweinen, denn Schweinefleisch wird am meisten gegessen.

Die in Käfigen gehaltenen Legehennen erblicken niemals das Sonnenlicht.

Teil 8

Klimawandel

Die Folgen der globalen Erderwärmung

Auf der ganzen Welt ändert sich das Klima. Die Temperaturen steigen, die Gletscher schmelzen. Das Eis am Nordpol ist um 60 Prozent dünner als noch vor 40 Jahren. Tierarten wie der Eisbär sind bedroht, und Völker wie die Inuit, die im ewigen Eis leben, müssen ihre Heimat verlassen. Die Meeresströmungen ändern sich, die Winde in der Atmosphäre auch. Der Meeresspiegel steigt, und Überschwemmungen bedrohen das Leben an den Küsten. Dazu kommen Dürrezeiten, Wirbelstürme und Waldbrände. Bei diesen Naturkatastrophen sterben immer mehr Menschen, weil sie sich auch an den Küsten und in einstmals unberührter Natur angesiedelt haben. Weil die Städte weiter wachsen, kann der Boden nicht genug Wasser aufnehmen, und der Grundwasserspiegel sinkt. Und weil so viele Bäume gefällt werden, richten Stürme größere Schäden an. Dass sich das Klima ändert, liegt an uns Menschen. Wir können und müssen etwas ändern!

Bei der Turku-Inselgruppe in Finnland ist das Packeis auseinandergebrochen.

Wir müssen dafür sorgen, dass die Temperatur weltweit möglichst wenig ansteigt.

Weil die Temperaturen steigen, fangen die Wälder leichter Feuer

Die Umgebung der Ortschaft Seta auf der Insel Euböa in Griechenland wurde im August 2007 von einem großen Feuer verwüstet.

Im Jahr 2007 wütete in Griechenland ein schlimmer Waldbrand. 200 000 Hektar Wald wurden vernichtet.

In den letzten Jahren gab es am Mittelmeer, in Kalifornien und in Australien häufig Waldbrände. Dafür ist der Mensch direkt verantwortlich: In der Trockenheit können Zigarettenstummel oder Grillfeuer ganz schnell einen Brand auslösen. Bei der kleinsten Unvorsichtigkeit entzündet sich das trockene Unterholz.

Die Folgen der globalen Erderwärmung für die Tiere

Weil die Temperatur steigt, verschieben sich die Klimazonen. Manche Tiere und einige Pflanzen folgen ihnen. Im Mittelmeerraum zum Beispiel gibt es weniger Korkeichen, dafür aber Zedern, die eigentlich im Libanon vorkommen. Aber die verschiedenen Tier- und Pflanzenarten sind voneinander abhängig. Deshalb können die Wanderbewegungen schlimme Folgen haben. Manche Tiere finden dann keine Nahrung mehr, den Vögeln zum Beispiel fehlen bestimmte Insekten. Der Klimawandel gefährdet noch in diesem Jahrhundert ein Viertel aller Arten.

Klimaflüchtlinge

Überschwemmte Häuser im Süden von Dhaka in Bangladesch

Durch die Erderwärmung steigt der Meeresspiegel. In den Tropen regnet es in der Regenzeit dann auch mehr als früher.

Das Land Bangladesch ist davon doppelt betroffen: Es kann vom Meer überschwemmt werden, und die vielen Flüsse des Landes werden über die Ufer treten. Vielleicht müssen bis 2020 schon 20 Millionen Bangladescher umsiedeln. Sie wären Klimaflüchtlinge, also Menschen, die wegen der Klimaveränderung aus ihrer Heimat fortgehen müssen.

Der Klimawandel geht uns alle an

In den letzten Jahren haben sich immer mehr Klimakatastrophen ereignet. Kein Kontinent bleibt von Überschwemmungen, Wirbelstürmen oder Trockenzeiten verschont. Die armen Länder leiden aber mehr darunter, weil sie der Bevölkerung in Notfällen nicht so gut helfen können.

Wenn wir nichts gegen die Klimaveränderung unternehmen, wird es bis 2050 mindestens 135 Millionen Klimaflüchtlinge geben. Wohin sollen sie gehen?

Wie verändern wir das Klima?

Weltweit versuchen Wissenschaftler, den Klimawandel zu erklären. Einig sind sie sich darin, dass menschliches Handeln die Ursache dafür ist. Die Menschen geben zu viele Treibhausgase in die Erdatmosphäre ab. Aber nicht alle Länder tragen die gleiche Verantwortung. Die reichsten Länder stoßen die meisten Treibhausgase aus. Weil der Mensch ein bequemes Leben führen möchte, fährt er Auto und heizt seine Wohnung. Je weiter entfernt von der Stadt jemand wohnt, umso mehr muss er Auto fahren. Deshalb erzeugen Einwohner von Vororten viel mehr Treibhausgase als Stadtbewohner.

Wir wissen erst, was wir für unser Klima tun können, wenn wir verstehen, wann und wie wir in unserem Alltag Treibhausgase produzieren.

Highlands Ranch, ein Vorort von Denver im Bundesstaat Colorado, USA

Wenn die weltweite Temperatur noch mehr als zwei Grad ansteigt, könnte das Klima verrücktspielen.

Was ist der Treibhauseffekt?

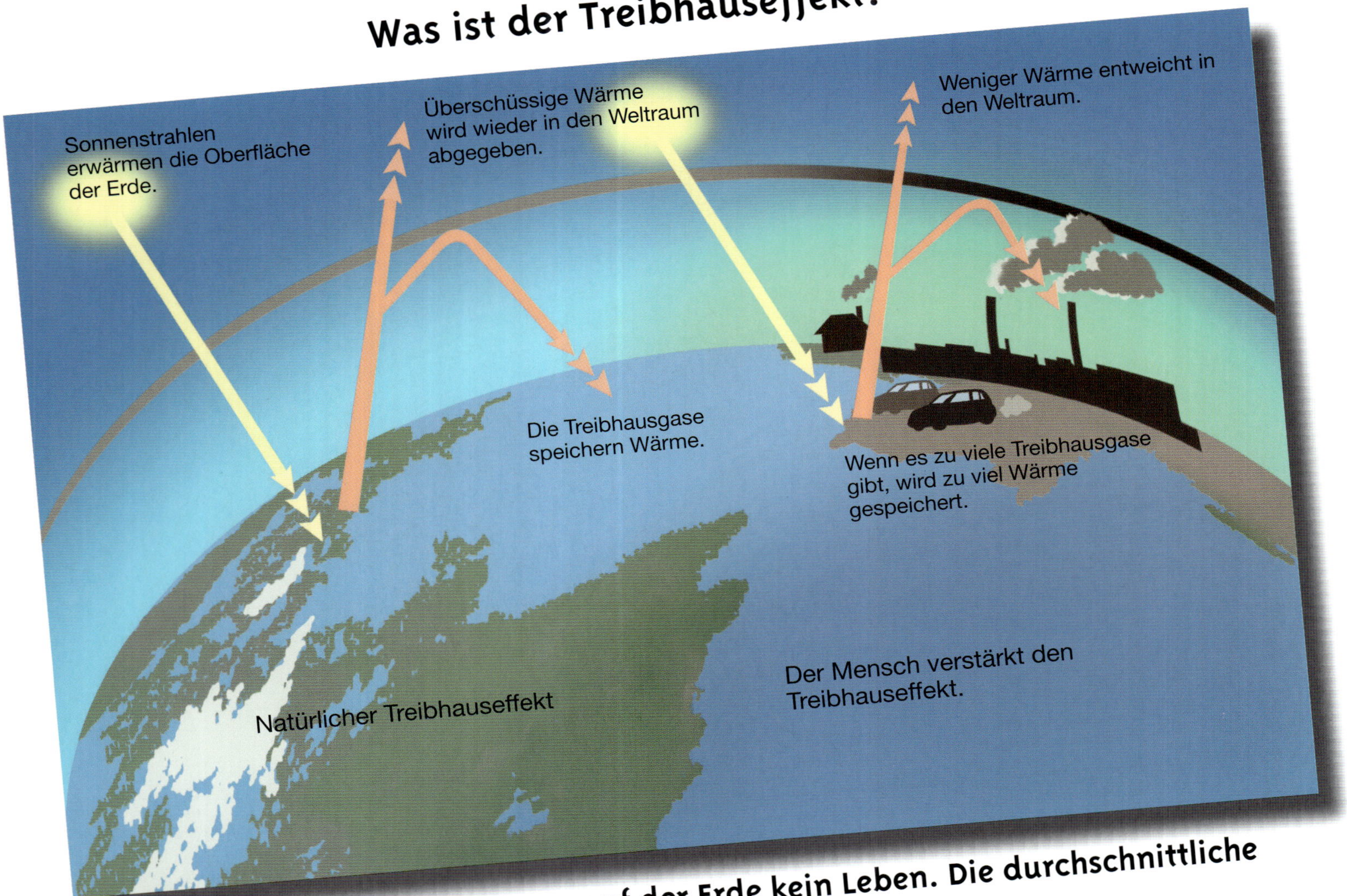

Ohne den Treibhauseffekt gäbe es auf der Erde kein Leben. Die durchschnittliche Temperatur läge bei minus 18 Grad Celsius statt bei plus 15!

In der Atmosphäre sind Kohlendioxid, Methan und andere Gase enthalten, die Wärme speichern können. Wenn sich die Erde durch die Sonneneinstrahlung aufheizt und die Wärme nach oben abgibt, speichern die Moleküle einen Teil dieser Wärme. Das ist gut so. Aber die Menschen erzeugen zu viel Treibhausgase. Deshalb wird auch zu viel Wärme gespeichert. So steigt weltweit die Temperatur, und das Klima verändert sich.

Der Hauptanteil an Treibhausgasen stammt aus dem Bereich der

Woher kommen die Treibhausgase?

Terminal 2 des Pariser Flughafens Roissy-Charles de Gaulle, Frankreich

Ein Sechstel der Treibhausgase stammt aus dem Verkehr, der Erdöl als Treibstoff braucht.

Öl ist ein fossiler Kraftstoff und setzt bei der Verbrennung Kohlendioxid frei. Besonders Flugzeuge brauchen viel Kerosin, also Flugtreibstoff. Wer einmal von Frankfurt nach New York fliegt, erzeugt genug Kohlendioxid für ein ganzes Jahr. Flugzeuge sind nützlich, aber man sollte sich vor jedem Flug genau überlegen, ob er nötig ist. Wenn der Ölpreis weiter steigt, wird das Fliegen in Zukunft teurer.

Wie viel Treibhausgas ist erlaubt?

Damit der Treibhauseffekt nicht verstärkt wird, dürfte jeder Erdbewohner nicht mehr als 1,7 Tonnen CO_2 im Jahr abgeben.

Heute verbraucht

- **ein Amerikaner zehn- bis zwölfmal so viel,**
- **ein Europäer drei- bis sechsmal so viel**
- **und ein Chinese doppelt so viel.**

Indem wir umweltfreundlicher leben, erzeugen wir weniger Treibhausgase!

Die Abholzung der Wälder

Die Rodung der Wälder ist für ein Fünftel aller Treibhausgase verantwortlich!

Wenn Wälder niedergebrannt werden, zum Beispiel, um Ackerland zu gewinnen, gelangt das Kohlendioxid, das die Bäume jahrzehntelang gespeichert haben, auf einmal in die Luft. Indonesien gibt deshalb die drittgrößte Menge an Treibhausgasen weltweit ab, nach China und den USA. Das Land ist arm und hat viel weniger Einwohner als China oder die USA. Aber dort wird jede Stunde Wald in der Größenordnung von 300 Fußballfeldern verbrannt.

Treibhausgase auf dem Teller

In der Nähe von Tepic im Bundesstaat Nayarit in Mexiko werden Tomaten gezüchtet.

In den nördlichen Industrieländern (Europa, USA, Kanada, Japan) wachsen nur im Sommer Tomaten.

Viele Menschen wollen aber das ganze Jahr hindurch Tomaten essen. Also werden sie aus weit entfernten Ländern geliefert, in denen es warm ist. Die Tomaten in nordeuropäischen Supermärkten kommen aus Südeuropa oder Nordafrika. Die USA und Kanada führen sie aus Mexiko und anderen mittel- und südamerikanischen Ländern ein. Oft wird das Gemüse in Treibhäusern angebaut. Beides, Transport und Treibhausanbau, erzeugt viel Kohlendioxid. Die Landarbeiter in der Tomatenzucht verdienen außerdem oft sehr wenig.

Wieso essen wir Obst und Gemüse nicht dann, wenn sie in unserem Land wachsen?

Wusstest du schon …

… dass der Transport eines Apfels mit dem Flugzeug zehn- bis zwanzigmal mehr Öl kostet, als wenn er im Herbst aus der Region angeliefert wird?
Bis ein Kilogramm Kirschen im Winter auf unseren Teller gelangt, wurden dafür schon fünf Liter Benzin verbraucht.

… bei der Herstellung von einem Kilogramm Rindfleisch so viel Öl verbrannt wird wie auf einer 70 Kilometer langen Autofahrt?

… Tiefkühlnahrung und Fertiggerichte viel Treibhausgas erzeugen? Das liegt an der Kühlung, der Verpackung und dem Transport.

Strom ist der Hauptschuldige an der Erderwärmung

Deutsches Braunkohlekraftwerk Jänschwalde bei Peitz in Brandenburg

Die Stromerzeugung ist für die meisten Treibhausgase verantwortlich, nämlich für ein Viertel. Die meisten Kraftwerke arbeiten mit Kohle. Das ist ein fossiler Brennstoff, der viel Kohlendioxid ausstößt.

Weniger Kohlendioxid entsteht bei der Erzeugung von Strom aus Wasserkraft. Große Stauseen sondern aber Methan ab, ebenfalls ein Treibhausgas.

Atomkraftwerke stoßen weniger Treibhausgase aus. Aber die radioaktiven Abfälle sind sehr gefährlich. Auch wird das Uran für die Atomkraftwerke nicht ewig reichen, genau wie die Kohle für die Kohlekraftwerke. Wir müssen also Strom sparen und anders Strom gewinnen. Das spart Rohstoffe und ist gut für unser Klima.

Ein Viertel der Treibhausgase stammt aus der Industrie

Alles, was wir täglich in die Hand nehmen, verursacht Treibhausgase. Deshalb stößt China so viel Kohlendioxid aus, denn dort werden besonders viele Waren hergestellt und in alle Welt verkauft.

Was können wir tun?

Natürlich müssen die Regierungen aller Länder zusammenarbeiten und etwas gegen den Klimawandel unternehmen. Aber auch jeder Einzelne von uns kann seinen Ausstoß an Treibhausgasen senken. Großeltern, Eltern und Kinder können zeigen, dass sie etwas für die Umwelt tun wollen, zum Beispiel auf dem Wochenmarkt: Hier kann man Früchte der Saison kaufen, ohne Verpackung. Man kann den Händler fragen, ob seine Ware aus der Gegend stammt. So können wir uns bei jedem Einkauf überlegen, was wir genau kaufen wollen. Wir können recyceln, statt alles gleich wegzuwerfen, und wir können Dinge reparieren und Strom sparen. Mit einem solchen Verhalten vermeiden wir, dass an anderer Stelle Wälder abgeholzt werden. Das ist wirklich nicht weiter schwer, und für unseren Planeten ist es überlebenswichtig!

Auf dem Pariser Markt Aligre gibt es immer frische Waren.

Wenn wir das Klima schützen wollen, sollten wir Obst und Gemüse aus der Region kaufen.

Den Wald schützen, das Klima erhalten

Aufforstung bei Seix in den französischen Pyrenäen

Auf diesem gerodeten Berggipfel in den französischen Pyrenäen versucht man, wieder Bäume anzusiedeln.

Das ist nicht leicht: Ein von Menschenhand gepflanzter Wald weist nie den Artenreichtum eines natürlichen Waldes auf. Überall auf der Welt werden zu viele Wälder einfach abgeholzt. Leider arbeiten viele Regierungen mit den Unternehmen zusammen, die mit der Rodung ihr Geld verdienen. Die Bürger müssen sich daher zusammenschließen und gemeinsam für den Wald kämpfen.

Ein Siegel für den Schutz des Waldes

Einige Umweltschutzorganisationen haben gemeinsam ein Siegel entwickelt. Es heißt FSC (Forest Stewardship Council). Holz mit diesem Siegel stammt aus einem Wald, in dem die Bäume genug Zeit zum Nachwachsen bekommen. Man nennt das einen nachhaltig bewirtschafteten Wald. Je größer die Nachfrage nach solchem Holz ist, umso stärker müssten sich die Holzunternehmen und Regierungen für den Schutz des Waldes einsetzen.

Bäume werden häufig für nachfolgende Generationen gepflanzt.

Erneuerbare Energien setzen weniger Treibhausgase frei

Kahle Berge bei Comendador in der Dominikanischen Republik an der Grenze zu Haiti

Zwei von fünf Menschen auf der Erde verbrennen zum Heizen und Kochen Holzkohle.

Holzkohle wird aus Holz hergestellt. Wenn man die Holzkohle zum Beispiel durch Solaröfen ersetzt, schlägt man zwei Fliegen mit einer Klappe: Es werden keine weiteren Wälder abgeholzt, und man senkt den Ausstoß von Treibhausgasen.

Heute können Unternehmen für die Treibhausgase bezahlen, die sie in die Atmosphäre abgeben. Das funktioniert so: Die Firma gibt einer Organisation Geld, und diese errechnet, wie viel Treibhausgas die Firma ausstößt. Mit dem Geld bezahlt die Organisation Projekte, die an anderer Stelle so viel Treibhausgas einsparen, wie die Firma ausgestoßen hat. Sie unterstützt zum Beispiel Stadtviertel, die erneuerbare Energien einführen.

Pflanz einen Baum!

Die kenianische Friedensnobelpreisträgerin Wangari Maathai hatte dazu aufgerufen, auf der ganzen Welt eine Milliarde Bäume zu pflanzen. Bis heute sind schon doppelt so viele gepflanzt worden!

Auch Kinder können mitmachen. Die Initiative »Plant for the Planet« und auch »care&click e.V.« beteiligen sich an dieser weltweiten Aktion.
Informationen findest du unter www.plant-for-the-planet.org und www.care-and-click.org.

Energiesparen zu Hause

Auch zu Hause kannst du den Ausstoß von Treibhausgasen senken und Rohstoffe sparen.

Du kannst zum Beispiel deine Eltern bitten, im Haus Energiesparlampen zu verwenden. Sie verbrauchen fünf- bis sechsmal weniger Strom als normale Glühbirnen. Und vergiss nicht, das Licht auszuschalten, wenn du aus dem Zimmer gehst! Verwende warmes Wasser sparsam, denn zum Aufheizen wurde Energie verbraucht. Schalte vor dem Zubettgehen alle Geräte aus. Nimm ein selbst gemachtes Pausenbrot in die Schule mit statt eingeschweißter Fertigprodukte. Und wenn du im Winter frierst, dreh nicht gleich die Heizung auf, sondern zieh dir erst einen Pullover über und prüfe, ob dir dann immer noch kalt ist.

Auf unserer Erde gibt es zahlreiche erneuerbare Energiequellen.

Holz aus nachhaltig bewirtschafteten Wäldern

Wasserkraftanlagen

Erdwärme

Windräder und Sonnenkollektoren

Biogasanlagen

Weniger Energieverbrauch im Straßenverkehr

Ungewöhnlicher Spielplatz in Beit She'an in Galiläa, Israel

Auf der Welt gibt es über 800 Millionen Fahrzeuge. Die meisten sind in den Industrieländern unterwegs.

In Europa werden über zwei Drittel der Waren mit dem Lastwagen transportiert. Wenn man den Ausstoß von Treibhausgasen verringern will, muss man die Waren einen Teil der Strecke mit dem Zug oder mit dem Schiff befördern. Wenn wir Produkte kaufen, die in unserer Gegend erzeugt wurden, sind lange Transportwege ganz überflüssig!
Je mehr öffentliche Verkehrsmittel unterwegs sind, umso öfter können wir unsere Autos stehen lassen. Für kurze Wege sind das Fahrrad oder Schusters Rappen sowieso gesünder! In Zukunft wird es vielleicht mehr Telearbeitsplätze geben. Das heißt, man muss nicht ins Büro gehen, sondern kann von zu Hause aus am Computer für seine Firma arbeiten. Auch so könnte man Treibstoff sparen und den Ausstoß von Kohlendioxid senken. Es gibt bestimmt noch mehr Möglichkeiten – wir müssen uns nur etwas einfallen lassen.

Neue Autos

Wir brauchen auch andere Autos: Sie müssen kleiner sein, damit sie weniger Benzin verbrauchen. Manche neuen Autos fahren auch mit Strom oder sogar mit Wasserstoff! Man kann aus pflanzlichen Abfällen sogar Biotreibstoff herstellen. In China und in Europa wird das schon heute gemacht.

Wusstest Du schon …

… dass das bevölkerungsreichste Land der Erde mit 1,3 Milliarden Einwohnern China ist? Es folgen Indien (1,1 Milliarden), die USA (304 Millionen), Indonesien (228 Millionen) und Brasilien (191 Millionen). Das bevölkerungsärmste Land ist Swasiland im südlichen Afrika mit einer Million Einwohnern. China und Indien stellen gemeinsam mehr als ein Drittel der Weltbevölkerung.

… dass Hongkong und Singapur die meisten Stadtbewohner haben? Die gesamte Bevölkerung dieser kleinen Länder lebt in der Stadt. Auf den Halbinseln gibt es kein unbebautes Land mehr. Deshalb können sich die Städte nur ins Meer ausbreiten oder als Wolkenkratzer gen Himmel wachsen. Weitere Länder mit sehr vielen Stadtbewohnern sind der Wüstenstaat Kuwait, die kleine Insel Puerto Rico und Belgien. In Belgien gibt es zwar noch dünn besiedelte Landstriche, doch nur drei von hundert Belgiern leben dort.

… dass das Land mit dem stärksten Bevölkerungswachstum der Inselstaat Osttimor ist? Im Jahr wächst die Bevölkerung um mehr als ein Zwanzigstel. Du findest, das ist nicht viel? Bei diesem Tempo verdoppelt sich die Bevölkerung innerhalb von 13 Jahren!

… dass in der Ukraine die Einwohnerzahl jedes Jahr um ein Prozent sinkt? Das liegt daran, dass die Menschen immer weniger Kinder bekommen. Dieses Problem gibt es in vielen osteuropäischen Ländern.

… dass es in Uganda die meisten Kinder gibt? Jeder zweite Einwohner ist jünger als 15 Jahre. Gleich danach kommen der Niger, Mali, Burkina Faso und der Kongo. Auch dort ist fast die Hälfte der Einwohner unter 15 Jahre alt. Afrika ist damit der »jüngste« Kontinent.

… dass der »älteste« Kontinent Europa ist? In Italien ist jeder fünfte Einwohner älter als 65 Jahre. Auch in Deutschland, Griechenland und Belgien gibt es immer mehr ältere Menschen: Fast ein Fünftel der Bevölkerung ist über 65 Jahre alt. Außerhalb Europas ist Japan das Land, das am schnellsten »altert«: Dort gibt es genauso viele ältere Leute wie in Italien.

… dass das reichste Land der Welt zugleich eines der kleinsten ist? In Luxemburg verdient jeder Einwohner im Durchschnitt 65 000 Dollar im Jahr. Es folgen die USA und Norwegen mit über 40 000 Dollar im Jahr pro Einwohner.

… dass die ärmsten Länder der Welt alle in Afrika liegen? In Burundi, Malawi und Guinea-Bissau verdienen die Menschen zwischen 640 und 700 Dollar im Jahr. Das reichste Land der Welt ist also hundertmal reicher als das ärmste.

… dass die größte Ungleichheit* zwischen den Bewohnern in Namibia herrscht? Darauf folgen Lesotho, Sierra Leone, die Zentralafrikanische Republik, Botswana und Südafrika. In diesen Ländern bringen Rohstoffe und Diamantenminen sehr viel Reichtum. Doch die Gewinne stecken nur wenige Menschen ein – zum Nachteil aller anderen.

… dass in Dänemark die Ungleichheit am geringsten ist? Länder mit einer ausgewogenen Einkommensverteilung sind auch Japan, Schweden, die Tschechische Republik und Norwegen. Besonders groß ist die Ungleichheit in den reichen Ländern USA, Hongkong und Singapur. Man muss daher mit Durchschnittszahlen immer vorsichtig sein: In einem reichen Land kann es sehr arme Menschen geben!

* *Berechnet mit dem Gini-Koeffizienten, der die Ungleichverteilung der Einkommen in einer Gesellschaft misst.*

… dass die großzügigsten Länder in Nord- und Westeuropa liegen? Norwegen, Schweden, Luxemburg, die Niederlande, Belgien und Dänemark sind die Industriestaaten, die am meisten für die Entwicklungshilfe in den armen Ländern ausgeben: zwischen 0,80 und 0,94 Prozent ihres Einkommens.

… dass Griechenland, Portugal, die USA und Australien besonders knausrig sind? Sie helfen den armen Ländern nur mit 0,25 Prozent ihres nationalen Einkommens.

… dass es sich in Island am besten leben lässt? Danach folgen Norwegen, Australien, Kanada und Irland. Zu einem guten Leben gehört nicht nur das Einkommen, sondern auch Gesundheit, Lebenserwartung und Bildung.

… dass das Leben in Sierra Leone, Burkina Faso, Guinea-Bissau, im Niger und in Mali am schwierigsten ist? Das sind lauter ostafrikanische Länder. Wegen ausgedehnter Bürgerkriege oder einem Mangel an Rohstoffen können sich diese Länder nicht genug Schulen, Krankenhäuser oder Straßen leisten.

Wusstest Du schon …

… dass die Länder mit dem höchsten Energieverbrauch die kleinen Ölstaaten sind? Die Vereinigten Arabischen Emirate und Kuwait haben nur wenige Einwohner, verbrauchen aber viel Energie: über 9500 Kilogramm Öl pro Einwohner und Jahr*. Kanada und die USA benötigen 8242 und 7843 Kilogramm Öl pro Einwohner und Jahr. Damit stehen sie nach den Inseln Trinidad und Tobago in der Karibik an vierter und fünfter Stelle. Weil die USA auch das Land mit der drittgrößten Bevölkerung der Welt sind, verbrauchen sie besonders viel Energie.

… dass ein Bewohner von Bangladesch in einem Jahr so viel Energie verbraucht (159 Kilogramm Öl) wie ein Amerikaner in einer Woche? In Ländern wie Bangladesch gibt es nicht genügend Energie.

** Gemeint ist hier die gesamte Energiemenge. Sie wird umgerechnet in die entsprechende Menge Öl. So kann man unterschiedliche Energieformen miteinander vergleichen.*

… dass die Menschen mit dem höchsten Stromverbrauch die Isländer sind? Jeder Einwohner verbraucht im Durchschnitt 29 430 Kilowattstunden pro Jahr. Auch die Norweger und die Kanadier verbrauchen sehr viel Strom (26 657 und 18 408 Kilowattstunden pro Einwohner und Jahr). In diesen Ländern ist es sehr kalt, deshalb muss viel geheizt werden. Man nutzt dort aber viel erneuerbare Energien, zum Beispiel Wasserkraft oder, wie in Island, Erdwärme.

… dass in Kambodscha und im Tschad nur zehn bis elf Kilowattstunden Strom pro Einwohner und Jahr verbraucht werden? In solchen Ländern haben nur wenige Menschen überhaupt einen Stromanschluss. Ein Viertel der Weltbevölkerung hat keinen Stromanschluss.

… dass China mit 6,2 Milliarden Tonnen die meisten Treibhausgase produziert? Gleich dahinter folgen die USA, die 5,8 Milliarden Tonnen ausstoßen. Gemessen an der Zahl der Einwohner sieht das Bild aber anders aus: Ein Amerikaner produziert im Jahr 20 Tonnen CO_2, also viermal so viel wie ein Chinese. Den Rekord halten die Bewohner des arabischen Ölstaats Katar: Jeder von ihnen stößt 79 Tonnen CO_2 im Jahr aus.

… dass die armen Länder ungefähr 66-mal weniger Treibhausgase ausstoßen als die reichen Länder? Ungerecht ist, dass gerade die armen Länder am stärksten unter dem Klimawandel leiden.

… dass in den reichen Ländern jeder Einwohner Trinkwasser hat? Es kommt aus dem Wasserhahn und kann sofort getrunken werden.

… dass dagegen in Äthiopien nur jeder fünfte Einwohner (22 Prozent) sauberes Wasser hat? Danach kommen Somalia (29 Prozent), Afghanistan und Papua-Neuguinea (39 Prozent) sowie der Tschad (42 Prozent). In diesen Ländern müssen die Menschen jeden Tag Wasser aus dem Brunnen holen. Unter solchen Bedingungen ist es schwer, der Armut zu entkommen.

… dass man in Japan und Hongkong am längsten lebt? Die Lebenserwartung beträgt dort 85 Jahre für Frauen und 79 Jahre für Männer. Es folgen die westeuropäischen Länder: Dort leben die Frauen im Durchschnitt 82 Jahre und die Männer 76 Jahre. Für die hohe Lebenserwartung sorgen eine gute medizinische Versorgung und eine ausreichende Ernährung.

… dass die Lebenserwartung in Swasiland nur 30 Jahre beträgt, in Lesotho und Botswana weniger als 35 Jahre? Diese Länder sind am stärksten von Aids betroffen. Vor allem Frauen fallen der Krankheit zum Opfer: Vier von zehn Frauen in Swasiland haben das Virus, in Botswana und Lesotho sind es drei von zehn.

… dass in den USA am meisten für die Gesundheit ausgegeben wird? Dort sind es 6096 Dollar pro Jahr und Einwohner. Es folgen Luxemburg (5178 Dollar), Norwegen und die Schweiz (etwa 4000 Dollar) sowie Island (3294 Dollar). Diese Länder sind zugleich die fünf reichsten Länder der Welt. In den USA zahlen die Menschen ihre Arztrechnungen selbst. Ärmere Menschen sind daher benachteiligt, denn sie können es sich nicht leisten, zum Arzt zu gehen.

… dass die ärmsten 40 Länder weniger als 100 Dollar pro Einwohner und Jahr für die Gesundheit ausgeben? Im Kongo und in Burundi sind es nur 15 und 16 Dollar.

… dass Lesotho am meisten Geld für die Bildung ausgibt? Dort verwendet der Staat über 13 Prozent seines nationalen Einkommens für Bildung. In Botswana sind es 10 Prozent. In den letzten 15 Jahren haben diese beiden Länder die Ausgaben für die Bildung um fast die Hälfte gesteigert.

… dass Guinea am wenigsten Geld für die Bildung ausgibt, nämlich 0,6 Prozent? Es folgen Indonesien und Myanmar. China steckt trotz des Wirtschaftswachstums nur wenig Geld in die Bildung, nämlich 1,9 Prozent.

… dass in Japan die meisten Kinder zur Schule gehen? Alle japanischen Kinder (100 Prozent) besuchen eine Grundschule und eine weiterführende Schule. Fast so viele sind es in Frankreich, Spanien und Norwegen.

… dass die wenigsten Kinder im Niger (40 Prozent), in Guinea-Bissau und in Burkina Faso (45 Prozent) eine Schule besuchen? Ein Studium nimmt dort nicht einmal jeder zehnte Jugendliche auf!

Glossar

Antibiotikum: Arzneimittel gegen bakterielle Infektionen.

Art: Gesamtheit aller Lebewesen, die sich untereinander fortpflanzen können und deren Nachkommen sich auch wieder fortpflanzen können.

Artenvielfalt: Vielfalt der Tier- und Pflanzenarten in einem Gebiet.

Atmosphäre: Schützende Gashülle um einen Planeten. Die Erdatmosphäre besteht aus mehreren Gasschichten.

Bakterien: Lebewesen, die meist nur aus einer Zelle bestehen. Bakterien waren die ersten Lebewesen auf der Erde. Sie sind mit bloßem Auge nicht zu sehen.

Bewässerung: Künstliche Zufuhr von Wasser aus einem Fluss, aus dem Grundwasser oder aus einem Regensammelbecken auf die Felder.

Düngemittel: Mittel, mit denen der Boden fruchtbar gemacht werden kann. Die drei wichtigsten Stoffe im Dünger sind Stickstoff (N), Phosphor (P) und Kaliumkarbonat (K).

Einzeller: Lebewesen, die nur aus einer Zelle bestehen.

Eiskappe: Eisschicht, die eine Landfläche oder einen Berg bedeckt.

Erdwärme: Wärme aus dem Erdinneren, die vom Menschen genutzt werden kann.

Erneuerbare Energien: Energieformen, die nie verbraucht sind. Dazu gehören die Sonnenenergie, die Windenergie und die Energie aus Wasser.

Evolution: Entwicklung der Tier- und Pflanzenarten im Lauf der Jahrmillionen. Alle Arten stammen danach von einem gemeinsamen Vorfahren ab, einem Bakterium, das vor vier Milliarden Jahren lebte. Die Evolutionstheorie wurde von Charles Darwin entwickelt, einem englischen Biologen, der im 19. Jahrhundert lebte. Bisher hat keine wissenschaftliche Entdeckung seine Theorie widerlegt.

Feuchtgebiet: Gebiet, das von Land und Wasser geprägt ist. Beispiel: Sümpfe, Seeufer, Flussufer oder Mangroven.

Fleischfresser: Tier, das sich vom Fleisch anderer Tiere ernährt.

Fossile Energie: Energie aus Materie, die früher einmal gelebt hat, also aus Kohle, Öl und Gas. Bei der Verbrennung fossiler Brennstoffe werden Treibhausgase frei. Die Entstehung von Kohle, Öl oder Gas dauert oft mehrere Millionen Jahre. Diese Energie ist daher nicht erneuerbar.

Gen: Träger einer Erbinformation, die ein Merkmal eines Lebewesens bestimmt.

Klima: Gesamtheit aller Wetterphänomene (Niederschläge, Temperaturen, Winde) in einer bestimmten Region. Beispiel: tropisches Klima.

Kohlendioxid (CO_2): Molekül aus einem Atom Kohlenstoff und zwei Atomen Sauerstoff.

Korallen: Nesseltiere, die Kolonien bilden. Steinkorallen bauen Riffe auf.

Ökosystem: Wechselbeziehung zwischen sämtlichen Lebewesen eines Gebietes und ihrem Lebensraum.

Pestizid *siehe* Schädlingsbekämpfungsmittel

Pflanzenfresser: Tier, das sich von Pflanzen ernährt.

Pflanzliche Kraftstoffe: Benzin und Diesel aus Pflanzen, beispielsweise Zuckerrohr oder Raps. Aus den Pflanzen gewinnt man Alkohol oder Öle, die als Kraftstoff benutzt werden.

Photosynthese: Chemische Reaktion in einer Pflanze mit Blattgrün, bei der mithilfe von Sonnenlicht aus Kohlendioxid und Wasser Nährstoffe hergestellt werden.

Plankton: Gesamtheit aller mikroskopisch kleinen Lebewesen, die im Meer schweben.

Recycling: Einen Gegenstand oder ein Material für etwas Neues nutzen. Beispiel: Alte Glasflaschen werden eingeschmolzen und zu neuen Flaschen verarbeitet.

Rohstoff: Gestein oder anderer natürlicher Stoff, der abgebaut wird, beispielsweise Kupfer oder Erdöl.

Schädlingsbekämpfungsmittel: Chemisches Mittel, das in der Landwirtschaft gegen Insekten und andere Schädlinge eingesetzt wird.

Schadstoffe: Stoffe, die im Übermaß zu Umweltverschmutzung führen. Beispiel: Phosphor kommt im Wasser und im Boden vor. In großen Mengen schädigt er das Ökosystem, wird also zu einem gefährlichen Schadstoff.

Slum: Armenviertel mit Hütten aus Pappe, Holz und Wellblech. Die Unterkünfte werden von den Bewohnern selbst gebaut. In vielen Slums gibt es kein Abwassersystem, keine Straßen und keine Schulen.

Städtebau: Bau von Wohn- und Geschäftshäusern, Trinkwasser- und Abwasseranlagen, Krankenhäusern, Straßen und vielem mehr, was man für ein funktionierendes Zusammenleben in einer Stadt braucht.

Treibhausgase: Gase in der Atmosphäre, die für die Erderwärmung verantwortlich sind. Kohlendioxid (CO_2), Methan (CH_4) und Wasserdampf (H_2O) sind Treibhausgase.

Überfischung: Zu intensiv betriebener Fischfang. Die Fische können sich dann nicht ausreichend fortpflanzen und verschwinden aus dem betroffenen Gebiet.

Umweltverschmutzung: Schädigung eines Ökosystems, meist durch zu große Mengen bestimmter Schadstoffe.

Urwald: Gesunder Wald, in dem der Mensch nichts verändert hat.

Zelle: Grundbaustein, aus dem alle Lebewesen bestehen. In der Zelle finden lebenswichtige chemische Reaktionen statt. Manche Lebewesen bestehen aus nur einer Zelle, beispielsweise die meisten Bakterien. Andere bestehen aus Milliarden spezialisierter Zellen.

Möchtest Du mehr erfahren?

Hier sind einige Internetseiten, auf denen du weiterlesen kannst.

Umweltschutzorganisationen:

http://www.bundjugend.de/new/ – Jugendseite des BUND

http://www.young-panda.de – Kinderseite des World Wildlife Fund

http://www.greenpeace4kids.de – Kinderseite von Greenpeace

Natur und aktiver Umweltschutz:

http://www.tierundnatur.de/homepage.htm – Viel Wissenswertes rund um die Natur

http://www.umweltkindertag.de – Aktion des BUND für Umwelt und Naturschutz

http://www.botschafter-der-umwelt.de/kinder/1.htm – Umweltaktion für Schulen

http://www.plant-for-the-planet.org/ – Schülerinnen und Schüler pflanzen Bäume

http://www.abenteuer-regenwald.de/index.php – Website über den Regenwald und den Schutz des Regenwaldes

Aus aller Welt:

http://www.nachrichtenfuerkinder.de – Nachrichten für Kinder

http://unicef.cobrayouth.de – Kinderseite des Kinderhilfswerks der Vereinten Nationen UNICEF

http://www.kinderrechtsteams.de/ – Kinderseite der Hilfsorganisation terre des hommes

http://www.star-kids.de/starkids/kinder_d_welt.html – Interessantes über das Leben von Kindern in verschiedenen Ländern der Welt

Politik für Kinder und Erwachsene:

http://www.kuppelkucker.de – Kinderseite des Deutschen Bundestags in Berlin

http://www.juniorbotschafter.de – Aktion der UNICEF

http://www.deine-stimme-gegen-armut.de/start.html – Aktionen zum G8-Gipfel

http://www.kidscall.info – Aktivwerden gegen die Klimaveränderung

Viele landesweite und örtliche Organisationen setzen sich für den Umweltschutz und für ein besseres Zusammenleben der Menschen ein. Deine Eltern oder Lehrer können Dir sicher solche Organisationen nennen und weitere Tipps geben – frag einfach nach!

Register

28
71
129
38
55
130
113
138
67
64
142
114
68
91
147
48
34
117
133
90
46
51

Weltkarte: